내 발밑의 검은 제국

내 발밑의 검은 제국

인간을 닮은 가장 작은 존재 개미에 관하여

동민수 지음

개미 사회는
인간 사회의 축소판이다

'개미를 알수록 인간을 깊이 이해하게 된다'

프랑스 작가 베르나르 베르베르의 스테디셀러 《개미》는 개미를 통해 인간을 더 깊이 들여다보게 만드는 매력을 지닌 작품이다. 작가는 20여 년간 개미를 관찰하고 연구한 경험을 바탕으로 개미 사회와 인간 사회의 놀라운 유사성을 생생하게 그려냈다.

개미들이 한 왕국을 건설하고, 다스리며, 성장시키는 과정을 지켜보면 그 모습이 우리가 살아가는 세상과 놀랍도록 닮아 있음을 깨닫게 된다. 이 작품이 오랫동안 사랑받은 이유 또한 개미 사회가 단순한 곤충의 이야기를 넘어 거울처럼 우리 자신의 모습을 비추기 때문일 것이다. 개미 사회를 통해 펼쳐지는 인간의 이야기는 여러 사람에게 신선한 통찰과 깨달음을 선사한다.

사람을 닮은 개미는 소설 속에서만 등장하는 존재가 아니다. 이 지구상에 각자 역할을 맡고, 동료들과 일을 분담하며, 체계적인 경영 시스템을 통해 생산 활동을 하는 생물이 얼마나 있을까? 인간과 개미를 제외하고는 잘 떠오르지 않을 것이다. 현실에서도 개미는 농사를 짓고, 가축을 키우며, 최신식 공장과 비견될 정도의 분업 체계를 갖추기도 하는 등 인간 사회의 모습과 많은 부분이 닮아 있다. 또한, 더 많은 이익을 얻기 위해 개미들 사이에서 벌어지는 치열한 암투와 생존 전쟁은 현대 사회에서 인간이 직면한 여러 문제를 자연스레 되돌아보게 한다.

우리는 개미를 그저 작은 곤충으로만 생각하는 경향이 있지만, 실제로 개미의 세계는 매우 다채롭다. 이들을 단순히 작고, 까맣고, 모여 다니는 생명체로 정의하는 것은 이들의 놀랍도록 복잡한 생태와 다양한 생활 방식을 무시하는 일이다. 개미의 세계를 통해 우리는 진화, 적응, 협력의 힘을 다시금 배우게 된다.

나는 열네 살 때 개미 세계에 푹 빠졌다. 그저 살아 움직이는 생물들에 막연한 호기심을 가졌던 어느 평범한 소년이 어느 순간 '지구를 움직이는 작은 것들'에 완전히 매료되었다. 동남아시아와 남아메리카의 정글, 미대륙, 유럽 곳곳, 아프리카의 초원까지 새로운 개미를 찾기 위해 떠난 여정은 행복 그 자체였다.

개미들은 무리를 지어 살며 힘을 합쳐 문제를 해결하고 긴밀하게 연결된 사회를 이루고 있었다. 이들은 인간과 비슷하지만, 정작 우리는 개미가 어떤 존재인지 잘 모른다. 사실 개미는 너무 작아 일상 속에서 그들의 얼굴이나 사회 구조를 관찰할 기회가 거의 없다.

보이지 않는 무언가에 관심을 가지는 것은 어렵다. 하지만 일단 관심을 가지고 들여다보면 개미의 세계는 경이로움과 신비로 가득 차 있다. 발밑에 끝없이 펼쳐진 거대한 제국, 개미들의 사회는 우리가 상상하는 것 이상으로 복잡하고 흥미로운 세계를 보여 준다.

이 책은 개미 사회의 매력을 최신 연구와 필자의 경험을 통해 누구나 쉽게 이해할 수 있도록 엮은 교양서이다. 독자들은 이 책을 통해 개미의 세계로 들어가 그들이 살아가는 방식과 독특한 생활 습성을 새롭게 발견하고, 삶에 대한 흥미로운 통찰을 얻을 수 있을 것이다.

1장에서는 우리가 몰랐던 개미에 관한 오해와 진실을 파헤친다. 개미의 조상이 벌이라는 사실부터 의약학에 빛을 밝혀 주는 개미들까지 개미 연구가 우리에게 안겨 줄 수 있는 것들을 살펴볼 것이다. 또한, 부지런함의 상징인 개미가 사실은 워라밸(일과 삶의 균형, Work-Life balance의 준말)을 철저히 지키며 살아간다는 흥미로운 이야기도 담겨 있다.

2장에서는 개미가 언제, 어디서, 어떻게 지구에 등장했는지 그 기원을 파헤쳐 본다. 수억 년 전 공룡이 지구를 지배하던 시절에도 개미는 이미 존재했다. 백악기부터 시작된 개미의 역사는 오늘날까지 이어져 왔다. 여러 대멸종의 위기 속에서도 살아남은 이들의 적응력과 생명력은 우리에게 자연의 경이로움을 다시금 일깨워 줄 것이다.

3장에서는 손톱만큼 작은 개미들이 어떻게 거대한 군체를 이루고 마치 제국을 세우듯이 영역을 확장해 나가는지를 다룬다. 생명이 싹트는 봄은 새로운 개미 왕국들이 탄생하는 계절이기도 하다. 이때 군체의 새로운 시작을 책임지는 여왕개미는 자신의 날개를 떼어내고 일개미를 출산해 제국의 시작을 알린다. 시간이 지날수록 이들은 뛰어난 조직력과 체계적인 분업을 통해 독자적인 문명을 구축해 나가는데, 마치 거대한 제국이 성장하는 모습과 흡사하다. 이 놀라운 과정을 보며 신선한 전율을 느낄 수 있을 것이다.

4장에서는 극한 환경에서도 살아남는 개미들의 치밀한 생존 전략을 탐구한다. 사막의 열기를 견디는 사막개미, 조직적인 군대 생활을 하는 군대개미, 그리고 피를 빨아 생존하는 드라큘라개미 등 다양한 개미들이 어떻게 극한 상황에서 살아남는지를 알아본다. 이러한 개미들의 적응력은 변화무쌍한 사회에서 살아남기 위한 지혜와 교훈을 전해 준다.

5장에서는 개미들이 적의 공격에 맞서 자신과 집단을 지키는 다양한 전략들을 다룬다. 강력한 턱과 독침뿐 아니라 위장술, 심지어 논개처럼 적과 함께 절벽에서 뛰어내리거나, 자신의 몸을 자폭시키는 극단적인 전략을 사용한다. 작은 몸으로 자신과 가족을 지키기 위해

벌이는 개미들의 치열한 생존 경쟁의 현장을 사진처럼 생생하게 담아 냈으니 놓치지 않길 바란다.

6장에서는 배신과 착취, 그리고 노예제도와 같은 개미 사회의 어두운 면을 들여다본다. 권력을 손에 넣기 위해 여왕을 암살하는 개미를 본 적이 있는가? 적의 시체를 방패로 쓰는 개미 이야기는 또 어떤가? 이들의 생존 방식은 때로 이기심으로 가득 찬 인간 사회의 뒷모습과 닮아 있다.

7장에서는 개미가 다른 생물과 어떻게 협력하고 공생하며 살아가는지를 흥미롭게 풀어낸다. 개미들은 혼자서 살아가는 것보다 여러 생물들과 협력할 때 더 큰 생존의 이점을 얻는다. 서로 다른 생명체들이 유기적으로 얽혀서 만들어 가는 자연 이야기는 우리가 미처 깨닫지 못한 협력의 가치를 새롭게 바라보게 한다.

마지막으로 8장에서는 끊임없이 찾아오는 불청객들로 고통받으면서도, 동시에 다른 생물들에게 위협이 되기도 하는 개미의 양면성을 이야기한다. 자연의 개미는 단순히 부지런하고 협력적인 생물 이상의 복잡한 존재로, 적응과 생존을 위해 끊임없이 싸우며 자연의 생태계에 강력한 영향을 미친다. 모든 상황, 모든 생명에게는 다양한 면이 존재한다는 사실을 되새겨 보면 좋겠다.

과거 위대한 개미학자들의 발견부터 학자들의 최근 연구까지 개미의 세계를 최대한 폭넓고 쉽게 다루려 노력했다. 그러나 거대한 개미 세계를 탐험하는 데는 사실 여름 산책길에서 잠시 쭈그려 앉아 바닥을 살피는 약간의 관심과 돋보기 하나면 충분하다.

이 책이 새로운 세계로 떠나는 가이드북이자 망원경이 되길 바라는 마음으로 여러분을 개미 제국으로 초대한다.

동민수

3장

가장 작은 것으로부터
탄생한 거대 제국

체계를 만드는 개미들

4장

승자는 상황도,
조건도 탓하지 않는다

전략적인 개미들

5장

뭉치면 살 것이고
흩어지면 죽을 것이니

방어하는 개미들

6장

속이고 배신하고
착취하는 약탈자들

권력을 쥔 개미들

7장

결국 이타적인 존재만이 살아남는다

공생하는 개미들

8장

광활한 지구에서 벌어지는 끝없는 생존 전쟁

위협받는 개미, 위협하는 개미

1장

지구를 움직이는 땅속 군주와의 만남

개미에 관한 오해와 진실

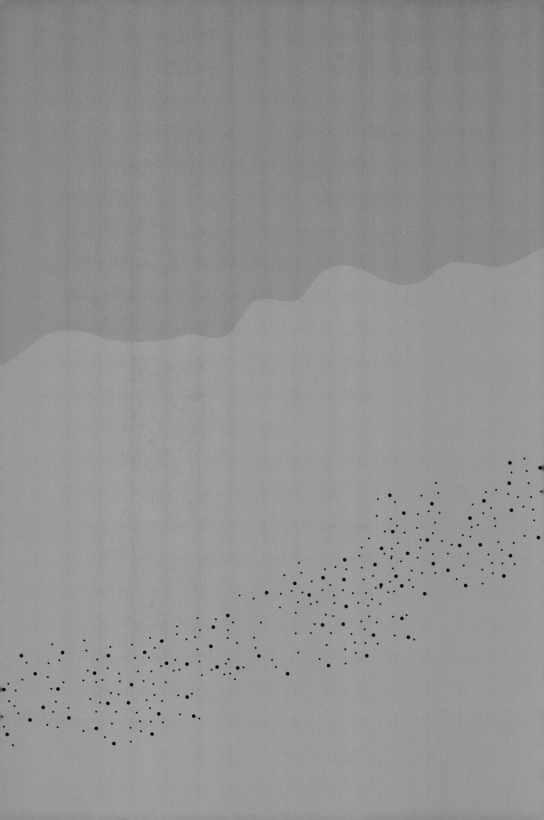

개미는
사실
벌이다?

"개미는 어떤 곤충입니까?"라고 묻는 말에 "벌의 일종입니다"라고 대답하면 반은 정답이라고 할 수 있다. 그런데 벌이라니? '벌' 하면 가장 먼저 생각나는 것은 독침과 날개인데 개미는 독침도, 날개도 없어 보인다. 도대체 개미가 어떻게 벌이라는 것인가? 놀랍게도 개미는 독침도 있고 날개도 있다.

개미를 모르는 사람들은 없을 테지만, 사실 우리는 개미라는 생명체를 잘 모른다. 개미를 본격적으로 알아가기 위해 이들을 어떻게 정의 내리느냐로 이야기를 시작해 보겠다.

먼저 분류학적인 관점에서 살펴보자. 분류학은 생물을 체계적인 방법으로 나누고 묶는 방법을 연구하는 학문이다. 쉽게 말해, 스웨

개미의 특징인 팔꿈치 모양 더듬이, 가슴과 배 사이의 허리 마디가 드러난 사진

촬영지: 미국 오레곤

덴의 생물학자 칼 폰 린네(Carl von Linné)가 만든 생물학적 틀에 생물을 할당하는 작업이라고 할 수 있겠다.

에버랜드에서 많은 사랑을 받았던 푸바오는 자이언트 판다로, 분류학적으로 자이언트판다(종), 판다속, 곰과, 식육목, 포유강, 척삭동물문, 동물계에 속한다. 개미를 마찬가지로 표현할 수 있다. 개미는 개미과, 벌목, 곤충강, 무척추동물문, 동물계에 속하는 동물로, 개미과(Formicidae)에 속하는 모든 곤충을 개미라고 한다. 개미과라는 가족은 열여섯 개의 작은 단위, '아과(亞科, subfamily)'로 쪼개진다. 이 아과라는 개념은 밑에서 계속 나올 중요한 개념이니 익숙해지는 것이 좋다. 19쪽 사진의 한국홍가슴개미를 예로 들자면, 한국홍가슴개미(종), 왕개미속, (왕개미족), 불개미아과, 개미과, 벌목, 곤충강, 절지동물문, 동물계로 표현할 수 있다.

그렇다면 이들이 가지는 공통적인 특징은 무엇일까? 개미의 생김

영양 교환을 하고 있는 한국홍가슴개미

촬영지: 한국 서울

새를 살펴보자. 살면서 개미의 얼굴을 자세히 볼 일이 많지는 않을 것이다. 개미는 대부분 'ㄱ' 모양으로 꺾여 있는 팔꿈치 모양의 더듬이를 가지고 있다. 또한, 우리는 잘록하게 들어가 있는 것을 '개미 허리'에 비유하곤 하는데, 복부 마디 사이가 수축하며 배자루마디(petiole)라고 부르는 허리 부분이 있는 것은 개미의 중요한 특징이다.

이어진 칸이 많은 기차일수록 곡선 선로를 더 부드럽게 지나갈 수 있듯, 개미는 허리 부분의 관절이 나뉨으로써 땅속 좁은 굴을 더 수월하게 돌아다닐 수 있다. 또한, 이는 배를 자유자재로 구부려 독침이나 개미산을 이용해 방어하기에도 유리한 특징이다.

개미가 가진 가장 독특하면서도 중요한 형태적 특징은 아마도 뒷가슴샘(metapleural gland)일 것이다. 뒷가슴샘은 개미만 가지는 특징으로, 이 샘에서 항생 물질을 만들어 내는 것으로 알려져 있다. 이 항생 물질은 개미집 내부에 퍼져 있어, 어둡고 습한 지하에서 집단생활을 하는 개미 사이에 번지기 쉬운 전염병을 막아내는 데 도움을 준다.

예외적으로 왕개미, 베짜기개미, 가시개미, 꼬리치레개미 등 상대적으로 건조한 장소나 나무에 사는 개미들의 뒷가슴샘은 퇴화하거나 기능을 잃어 뒷가슴샘을 찾기 힘들다.[1] 그럼에도 뒷가슴샘은 개미를 다른 곤충과 구분하는 가장 중요한 특징 중 하나이다.

개미란 무엇일까?

우리가 아는 개미는 불개미, 검은 개미, 작은 개미 등등의 정도에 불과할 것이다. 그러나 개미의 종은 1만 5천여 종에 달한다. 앞에서 개미의 특징을 몇 가지 언급했지만, 사실 과학자들조차 '이것이 개미다'라고 명확한 정의를 내리기가 어렵다.

> "개미는 진사회성(사회성이 극도에 달해 높은 수준의 협력과 분업이 이루어진 상태, eusociality)이 있는 벌의 일종, 개미과에 속하는 곤충의 통칭이다. 대개 군락은 날개가 있는 여왕개미, 수개미, 그리고 날개가 없는 일개미로 이뤄진다. 결혼비행이라고 불리는 집단 짝짓기를 하며, 대개 짝짓기가 끝나고 정자를 받아들인 여왕개미는 자신의 날개를 스스로 떼어낸다. 뚜렷이

구분되는 배자루마디가 있으며, 대부분 뒷가슴샘이있다. 팔꿈치 모양 더듬이를 가지는 것도 중요한 특징이다."

가장 보편적으로 받아들여지는 생물학적 개미의 정의를 정리한 것이다. 그냥 한 문장 정도로 끝나길 바랐던 사람에게는 유감스러운 일이다. 개미 각각의 종은 환경과 필요에 맞추어 각기 다른 생김새를 가지고 살아간다.

그런데 개미를 정의할 때 반드시 짚고 넘어가야 하는 존재가 있다. 바로 흰개미다. 개미가 벌이라면 흰개미는 무엇일까? 결론부터 말하자면 흰개미는 바퀴벌레의 일종으로, 개미와는 전혀 관계가 없는 곤충이다.

이 사실이 '흰개미는 바퀴벌레'라는 생각으로 이어져 징그러움의 대상을 넓혔다면 안타깝지만, 그들은 모여 사는 바퀴벌레가 맞다. 흰개미의 이름에 개미라는 이름이 붙은 것은 여러 마리의 흰개미가 모여 사는 모습이 개미와 닮았기 때문인데, 모여 살게 된 이유부터 생활사, 생김새, 생태 등 모든 면에서 개미와는 매우 다르다.

흰개미는 분류학적으로 바퀴목, 흰개미과에 속한다. 흰개미의 얼굴을 자세히 보면 이들은 염주 모양으로 구슬처럼 줄지어 있는 더듬이를 가지고 있지만, 개미의 더듬이는 기역 자 모양으로 꺾여 있다 (흰개미 얼굴을 바로 떠올릴 수 있는 사람은 많이 없을 테니 22쪽의 사진을 보며 찬찬히 대조해 보자). 그리고 흰개미는 허리 부분이 없지만, 개미는 한 개 또

개미와 다르게 허리가 없고 더듬이가 염주 모양인 흰개미

촬영지: 미국 오레곤

는 두 개의 허리를 가지고 있다. 흰개미는 알에서 태어난 뒤 고치 없이 탈피를 거쳐 성충이 되는 불완전변태 곤충인 반면, 개미는 알, 애벌레, 고치, 성충 과정을 거치는 완전변태 곤충이다.

또한, 흰개미는 주로 목재를 먹지만 개미는 음식을 가리지 않는 잡식 곤충이고, 흰개미 집에는 여왕흰개미와 왕흰개미가 공존하며 번식을 책임지지만 개미집에는 군락 안에 왕이 없고 단지 여왕개미만이 단독으로 생식을 담당한다.

작다고 얕보면 큰코다치는 이유

다시 '개미는 벌이다'라는 이야기로 돌아가 보자. 앞에서 설명한 개미의 정의에도 '개미는 벌의 일종이다'라는 내용이 있다. 우리가 알고 있는 벌들은 날개와 독침이 있다. 그러나 눈을 크게 뜨고 집 앞에 기어다니는 개미들을 열심히 쳐다봐도 날개같이 생긴 것조차 보이지 않는다.

8월에서 9월 사이의 밤, 시원한 아이스크림을 사 먹을 겸 편의점에 가 보자. 창문 근처를 꼼꼼히 살펴보면 날파리가 여럿 죽어 있는 모습을 볼 수 있을 것이다. 우리는 이들을 날파리라고 부르며 발로 쓸어 넘기지만 사실 그 중 많은 수는 개미이다.

개미의 여러 계급 중 공주개미와 수개미는 날개가 있으며 곧잘 날아다닌다. 우리가 보는 대부분의 개미는 일개미이다. 이들은 땅속에서 살아가기 위해 불필요한 날개가 퇴화된 상태이나, 원래 개미는 날개가 있는 생물이다.

그렇다면 독침은 어디 있을까? 네이버 지식인에 '개미에게 물렸어요'를 검색하면 나오는 빨갛게 부어 오른 피부는 대부분 개미의 독침에 쏘여서 생긴 상처이다. 미국의 생물학자 저스틴 슈미트(Justin O. Schmidt)는 직접 쏘여가며 생물 독성의 고통 정도를 평가했다. 그에 따르면 쏠 수 있는 생물이 만들어 낼 수 있는 가장 강력한 고통이 남아메리카에 사는 총알개미에게 쏘인 고통이라고 한다.

총알개미에 쏘인 뒤 그는 '발꿈치에 10센티미터 못이 박힌 채로 불타는 숯 위를 걷는 느낌'[2], '최대 24시간 동안 멈추지 않고 계속되는 타오르고 욱신거리고 모든 것을 삼키는 통증의 파도'[3]라는 생동감 넘치는 후기를 남겼다. 슈미트 박사는 마음이 따뜻한 사람인 듯하다. 쏘인 느낌을 가능한 한 정확하게 묘사하려 한 점에서 이러한 고통을 다른 이가 느끼질 않길 바라는 그의 마음과 헌신이 느껴진다.

브라질 원주민인 마웨족은 성인식을 치르는 데 이 개미를 이용한다. 이들은 성인식 때 사용할 목적으로 풀과 덩굴을 장갑 모양으로 엮은 다음 약 80마리의 개미를 끼워 넣어 오븐장갑 형태의 도구를 만든다. 성인이 되기 위해서는 그 장갑에 손을 넣고 개미에 쏘이는 고통을 10분씩, 무려 스무 번을 견뎌 내야 한다.[4]

어른이 된다는 것은 자기 인생에 책임감을 지니고 삶이 주는 여러 고통을 겪어내야만 한다는 사실과 같다. 절대 쉬운 일이 아닌 것이다. 그러나 '저렇게까지 어려운 일이어야 할까'라는 생각도 든다. 이제 막 열여덟 살이 되어 공포에 떨고 있을 아마존 부족 누군가에게 심심한 위로를 건네 본다.

북미의 건조 초원지대에 널리 사는 포고노머멕스 수확개미는 알려진 모든 곤충 중 가장 강력한 독을 지녔다. 이들의 독은 약 열두 번의 주입으로 2킬로그램쯤 되는 생쥐를 죽일 수 있으며, 꿀벌 반수 치사량(어떤 물질의 독성을 실험할 때 실험군의 50퍼센트가 사망하는 투여량, 半數致死量)의 스무 배 정도의 독성을 지니는데 이는 코브라 독과 비슷한 정도다.[5]

척추동물 포식자에 최적화된 강력한 독을 가지고 있어 사람의 경우 아메리카 수확개미에 쏘이면 약 네 시간 동안 지속되는 강렬한 통증에 시달린다고 한다.[6] 이들의 독은 신경독이기 때문에 즉시 치료받지 않으면 심각한 상황에 다다를 수 있다.

매스컴에서 살인불개미로 널리 알려진 붉은불개미 또한 강한 독을 가지고 있다. 비록 치명적인 독을 지닌 다른 종들에 비해서는 독성이 상대적으로 약하지만, 여러 마리에게 쏘일 경우 쇼크로 사망할 수 있다. 설령 치명적인 상황까지는 가지 않는다 해도 이들의 독은 수포와 통증을 유발한다.

이런 강한 독성과 독침을 가진 개미가 해외에만 있는 것은 아니다. 우리나라에 살고 있는 개미 가운데 왕침개미라는 개미에 쏘여 과민성 반응이 일어난 사례가 보고되어 있기도 하다. 또한, 주변에서 쉽게 보기는 힘들지만 일본침개미나 뿔개미 종류들에게 쏘여도 제법 아프다.

우리가 흔히 보는 개미들은 독침과 독을 개미산으로 변형시킨 집단이기 때문에 개미가 독침이 있다는 것을 쉽게 알기 어려울 수 있다. 또한, 독침을 지니고 있더라도 몸집이 너무 작아서 그 독침이 우리 피부를 뚫지 못하는 경우가 상당수이다.

그러나 작다고 함부로 봤다가 자칫 슈미트 박사나 남아메리카 원주민들이 겪은 고통을 맛볼 수도 있다. 그들은 작고 날지 못하지만, 엄연히 벌의 가족이다.

개미가
부지런하다는
착각

　'개미'를 생각하면 흔히 떠올리게 되는 한 이야기가 있다. 매일 밤 낮없이 열심히 일한 개미는 혹독한 겨울을 풍요롭게 보내게 되지만, 노래와 연주에 빠져 살며 일하지 않은 베짱이는 비축해 둔 식량이 없어 후회하게 된다는 이솝 우화 《개미와 베짱이》 말이다.

　이솝 우화에 나온 것처럼 개미는 부지런함의 대명사로 잘 알려져 있으며, 일 중독자를 보며 "저 사람은 항상 개미처럼 일해"라고 말하기도 한다. 그런데 개미는 우리가 아는 것과는 달리 철저히 워라밸을 지키며 살아가는 곤충이다.

　여름철 바깥을 걷다가 길바닥에 쭈그려 앉아 보면 대부분 오 분 이내에 개미를 발견할 수 있을 것이다. 숲속은 말할 것도 없거니와 보도블록 틈, 얼기설기 뻗은 잔디 사이, 아스팔트 도로와 인도가 만나는 곳의 가장자리 등 어디에서나 개미를 쉽게 관찰할 수 있다.

그들은 어딘가를 향해 분주히 움직이거나, 몸을 청소하거나, 먹이를 사냥한 뒤 그것을 옮기고 있거나, 동료에게 먹이를 나눠 주고 있거나, 또는 다른 집 개미와 시비가 붙어 대치하고 있을 것이다. 야외에서 아무것도 하지 않고 그저 가만히 쉬고 있는 개미를 찾아보기란 어려운 일이다. 개미집 내부를 직접 본 적 없는 사람들은 개미들이 집 안에서도 각자 맡은 일을 하며 분주하게 움직일 것이라 상상할 것이다.

이처럼 개미들은 끊임없이 일하는 듯 보이지만, 사실 개미가 부지런하다는 말은 과학적으로 틀린 이야기이다. 과학자들의 연구에 따르면 개미 집단 가운데 약 30퍼센트의 개미만이 일하고 있고 나머지 약 70퍼센트는 개미집 안에서 쉰다고 한다. 또한, 미국 애리조나 대학교 연구팀은 관찰한 시간 내내 일하는 개미는 그 집단의 3퍼센트에 불과하다는 사실을 발표했다.[7]

심지어 어떤 개미는 태어나서 죽을 때까지 거의 평생을 아무 일도 하지 않고 식량만 축내다가 죽기도 한다. 평판 관리 측면에서 보면 정말 놀라운 일이 아닐 수 없다. 성실하지 않은데 모두에게 성실하다고 칭찬받는 삶, 마치 직장에서 적당히 일하면서도 상사에게는 성실한 직원으로 인식되는 사람들의 삶과 별반 다르지 않다.

물론 이들이 정말 게으르거나 일하기 싫어서 동료들 눈에 띄지 않기 위해 노력하며 얌체같이 쉬는 것은 아니다. 우리가 개미가 될 수 없기에 이렇다 저렇다 사실을 단정할 순 없겠지만, 적어도 과학적인 사실에 비추어 봤을 때는 그렇다. 현대 사회에서 남에게 보이는 모습과 본모습이 다를 수 있듯 개미 또한 우리가 생각하는 것과는 전혀 다른 방식으로 자신들의 삶을 살아가고 있다.

게으른 것이 아니라 대비하는 것이다

일하지 않는 개미들이 군집에 많은 이유와 관련해서 수많은 가설이 있다. 노화가 진행되었거나, 지나치게 미성숙하기 때문에 일에서 제외되었다거나, 우리 눈에는 띄지 않는 어떤 특수한 임무를 수행하는 것이 아닐까 하는 추측이 대표적이다. 이런 게으른 일개미들은 쉽게 살찌며, 군집 상호작용에서 고립되기도 한다.[8]

게으른 개미가 존재하는 이유는 아직 명확히 밝혀지지 않았다. 많은 과학자가 이 현상을 연구 중이며, 그들이 제시하는 가설 중 일부를 비유로 설명해 보겠다.

태평양의 어느 섬에 있는 바닷가에 와 있다고 생각해 보자. 오후 두 시, 눈부시게 푸른 에메랄드 빛깔의 바다, 작렬하게 내리쬐는 적도의 햇볕에 바다 표면이 파편으로 조각나듯 넘실거린다. 야자수가 만들어 내는 그늘을 찾아다니던 당신은 발을 내딛었던 모래 언덕이 살짝 꺼지는 바람에 발목이 접질렀다. 이때 해수욕장에 있던 다섯 명의 안전 요원이 사고를 인지하고 모두 당신을 향해 달려와 조치를 취했다. 참으로 고마운 일이다.

그런데 예상치 못한 문제가 생겼다. 가까운 해변에서 스노클링을 즐기던 관광객이 물에 빠져버린 것이다. 멀리서 봤을 때는 아름답게 넘실거리던 파도가 바깥의 산소를 전달해 주던 호흡관 안으로 들어왔고, 숨이 쉬어지지 않자 그는 그만 패닉에 휩싸였다. 해변에 있던 안전 요원들은 모두 당신에게 발생한 사고에 대응하려고 무더위 속에서 전속력으로 200미터가량을 뛰어왔다. 이미 체력이 바닥난 상태라 그들 중 누구도 물에 빠진 관광객을 돕기 위해 물속으로 뛰어들 수 없었다.

다행히 운이 좋았고 그는 살아남았다. 잘된 일이다. 그러나 구조라는 관점에서 보았을 때 안전 요원들이 효율적으로 일했다고는 볼 수 없을 것이다. 만약 다섯 명 중 두 명이 발목을 접질린 당신에게 달려왔고 세 명은 다른 사고에 대비하고 있었더라면 분명히 더 효율적인 구조 활동이 가능했을 것이다.

연구진들은 개미 사회도 이와 마찬가지라고 한다. 모든 일개미가 집 앞의 먹이를 탐색하는 일에 동원되면 다른 세력의 개미가 쳐들어오는 등 정작 큰일이 났을 때 누가 집을 지키겠냐는 것이다. 그들은 일종의 예비군인 셈이다.

인생이라는 장기전에 반드시 필요한 쉼표

개미는 저마다 어떠한 자극에 반응하는 정도가 다른데 이를 '역치 값이 다르다'라고 표현한다. 이는 사람도 마찬가지다. 위생을 예로 들어 보자. 집 바닥에 머리카락 하나만 보여도 참을 수 없어 청소를 해야 하는 사람이 있는 반면, 과자봉지 몇 개쯤은 며칠 집에 방치해 놔도 괜찮다는 사람이 있다. 위생이라는 자극에 반응하는 정도가 사람마다 다른 것이다.

개미도 개체마다 환경 변화에 반응하는 역치 값이 다르기 때문에 다양한 변수, 다양한 작업을 효율적으로 처리할 수 있다는 것이 '게으른 개미 연구'의 골자이다. 집에서 가만히 쉬며 게으름을 피우는 것처럼 보이지만 사실 미래에 있을 수 있는 여러 사건에 대비하기 위해 에너지를 분배하는 상태인 것이다. 언뜻 보기에 비효율적으로 보이는 이 시스템 덕분에 개미 사회는 장기적으로 존속할 수 있다.

개미들의 전략은 오늘날 우리 삶과도 맞닿아 있다. 현대 사회는 계속 일하고 움직이라며 사람들을 끊임없이 채찍질한다. 그러나 삶은 결코 단거리 경주가 아니다. 적절한 휴식을 취하고 일과 삶의 균형을 유지할 때 우리는 무너지지 않고 계속 인생길을 달려 나갈 수 있다.

매일 야근하며 모든 에너지를 일에만 쏟는 것은 결코 이상적인 삶의 방식이 아니다. 개미처럼 때로는 게으름을 피우는 시간을 가져야

힘을 합쳐 먹이를 옮기고 있는 약탈 개미의 모습

촬영지: 케냐

만 앞으로 있을 중요한 일에 미리 대비할 수 있다. 이는 단순히 효율성을 추구하는 것을 넘어 개인과 조직이 지속 가능하게 살아가는 방법이기도 하다.

중생대부터
지금까지
살아남은 비결

천정부지로 치솟는 부동산 가격은 좀처럼 내려올 기미가 없다. 집을 사는 것은 마치 별을 따는 것처럼 멀게만 느껴진다. 그런데 이런 치열한 경쟁과 불경기 속에서도 여의도만 한 땅을 독차지한 가족이 있다. 이 놀라운 가족의 정체는 무엇일까? 그들은 다름 아닌 개미다. 개미는 작고 평범한 존재처럼 보이지만, 사실 개미의 삶은 우리가 아는 것보다 훨씬 더 방대하고 치밀하다.

개미들 중에서도 특히 일본 홋카이도의 이시카리 해안에 사는 불개미 초군체(각각의 생명체가 모인 군체가 마치 하나의 개체처럼 행동한다는 의미, supercolony)는 그 규모가 어마어마하다. 이 군체는 무려 2.7제곱킬로미터, 즉 80만 평(여의도 면적 약 87만 평)에 달하는 땅을 차지하고 있

거대한 무덤 모양의 집에서 주변과 더불어 사는 불개미(*Formica truncorum*)

촬영지: 한국 춘천

으며, 그 안에는 약 4만 5천 개의 서로 연결된 둥지가 자리하고 있다. 이 둥지 속에는 대략 3억 600만 마리의 일개미와 1천 8만 마리의 여왕개미가 살아가고 있다.[9] 여의도만 한 면적을 차지하며 살아가는 이 작은 생명체들이 얼마나 거대한 세계를 이루고 있는지 상상해 본 적 있는가?

놀라운 것은 이뿐만이 아니다. 최근 연구에 따르면 전 세계 개미의 총 개체 수는 보수적으로 봐도 최소 2경 마리 이상이라고 한다.[10] 우리 일상에서 2경이라는 숫자를 쓰거나 접해 본 적이 있는가? 아마 거의 없을 것이다. 그만큼 상상하기 힘든 거대한 숫자다. 만약 연이율 2퍼센트인 은행 상품에 2경 원을 예금한다면 하루 이자만 약 1조 2백억 원에 달하며, 1초당 1,270만 원씩 이자가 쌓이게 된다. 이자를 고려하지 않더라도 2경 원을 전부 다 쓰려면 네안데르탈인이 살던 기원전 52000년경부터 매일 10억 원씩 꾸준히 써야 2024년쯤 다 쓸 수 있다. 이런 식으로 보면 개미의 수는 상상을 초월하는 존재감을 지니고 있음을 알 수 있다.

생태계에서 개미가 맡은 역할도 무시할 수 없다. 전 세계 개미의 총 무게는 약 1천 2백만 톤으로 추정되는데 이는 지구상 모든 야생 조류와 포유류를 합친 무게보다 무거울 것으로 추정되는 수치다.

개미의 몸 크기는 작지만, 그들의 압도적인 생체량은 우리가 살고 있는 지구 생태계에 큰 영향을 미친다. 개미는 토양 생태계에 주축을 둔 거의 유일한 사회성 곤충이다. 이들은 토양 개량자로서 땅을 파고 영양분을 순환시켜 토양을 비옥하게 만들며, 죽은 동식물을 분해해 생태계의 순환을 돕는다.

또한, 개미는 여러 균, 식물, 동물과 아주 밀접한 공생 관계를 맺고 같이 살아가며 이들의 생태에 매우 깊게 관여한다. 개미 군락은 단순한 곤충의 집합체가 아니라 지구의 생태계를 지탱하는 숨은 조력자인 것이다. 그들의 삶을 들여다보면 우리의 세계와 자연에 대한

모델 생물로 활용되는 클론습격개미(*Ooceraea biroi*)

촬영지: 대만

더 깊은 통찰을 얻을 수 있다.

사회성이라는 강력한 생존 전략

초파리가 생물학과 유전학의 역사를 숨은 주인공이라는 이야기를 들어 본 적이 있는가? 실로 역대 노벨생리의학상 가운데 최소 여섯 개가 초파리를 활용한 연구 성과였다고 한다. 이는 초파리에만 국한되는 이야기는 아니다. 초파리, 개미, 예쁜꼬마선충, 대장균. 전혀 달라 보이는 이 생물들 사이에는 한 가지 공통점이 있다. 바로 생물학 연구에서 중요한 '모델 생물'로 활용된다는 점이다.

모델 생물이란 생물학적 현상을 연구하고 이해하기 위해 특별히

선택된 생물을 뜻한다. 이들은 짧은 세대주기를 가지고 있고, 많은 데이터를 축적하고 있어야 하며, 이 생물을 통해 발견한 사실이 다른 여러 생물에게도 적용될 수 있어야 한다. 생물학을 좋아하는 사람들은 이러한 모델 생물이 얼마나 모진 실험을 당하고 있는지 잘 알 것이다. 특히 개미는 사회성 생물 실험의 뛰어난 모델 생물로 자리 잡았다.

펜실베니아 대학 의대의 로베르토 보나시오(Roberto Bonasio) 교수는 '개미는 유전자 조절이 행동에 미치는 영향을 연구하는 데 아주 뛰어난 모델'이라고 평가했다. 모델로서 가장 많이 연구되고 있는 개미 중 하나는 클론습격개미이다. 번식과 유지가 비교적 쉬워 동물 사회성의 진화나 무성생식 구조 등 여러 생물학적 난제를 유전자 수준에서 풀어 가는 데 큰 역할을 하고 있다.

인간과 개미는 얼핏 보면 전혀 다르게 보이지만, 이 두 생명체에는 놀라운 공통점이 있다. 바로 분업을 통해 고도로 발달한 사회를 유지한다는 것이다. 인간 사회가 수많은 직업과 역할로 나뉘어 서로 협력하며 발전해 온 것처럼 개미들도 군체 내에서 철저한 분업을 통해 생존과 번영을 이어가고 있다. 이처럼 분업을 기반으로 조직적인 사회 구조를 유지하는 생물은 드물다.

개미는 인간과 더불어 지구상에서 분업이라는 복잡한 시스템을 실천하는 몇 안 되는 생명체 중 하나다. 클론습격개미 연구는 개미의 사회성과 분업이 어떻게 만들어졌는지와 관련한 통찰을 제공해 주고 있다.

　노동의 분업이 초기 개미에게 어떤 생태학적, 진화학적 이득을 제공했는지는 오랫동안 수수께끼였다. 클론습격개미는 모든 개미의 유전자가 완전히 동일한 클론이기에 겉보기에는 굳이 노동을 나누지 않아도 사는 데 전혀 문제가 없을 것처럼 보인다.

　그러나 독일 막스 플랑크 화학생태 연구소 유코 울리히(Yuko Ulrich) 박사 연구팀의 연구 결과에 따르면 일개미가 여섯 마리 미만인 작은 군체에서도 노동의 분업이 이루어졌으며, 이 분업이 군체의 빠른 성장에 기여했다는 사실이 밝혀졌다. 노동의 분담은 군체를 빠른 속도로 성장시켰고, 군집 크기가 커질수록 노동 분업이 계속 증가하며 집단 안정성 및 생존율도 높아졌다. 이것이 개미 집단의 생존에 큰 도움을 주었다는 게 이들의 결론이다.[11]

　이 연구는 사회성 곤충에서 노동의 분업이 적은 개체 수에서도 자연스럽게 나타날 수 있음을 보여 준다. 개미 연구는 사회성이 어떻게 발생하고 발달하고 유지될 수 있는지와 관련해 중요한 통찰을 제공한다. 더 나아가 개미가 보여 주는 분업과 사회의 진화는 개미뿐만 아니라 인간 사회가 어떻게 생존과 발전을 이루어왔는지를 설명하는 흥미로운 단서가 될 수 있다.

미래에는
개미로
암을 찾는다는 이유

　식중독, 패혈증, 심내막염, 뇌수막염, 폐렴, 골수염, 암…. 모두 살면서 절대 겪고 싶지 않은 끔찍한 질병이다. 이 중에서도 특히 암은 가장 심각한 질병 중 하나로 꼽힌다. 살면서 한 번쯤은 "그 사람 암을 조금만 더 일찍 발견했더라면 살 수 있었을 텐데…"라는 안타까운 이야기를 들어 보았을 것이다. 암은 조기에 발견하면 완치될 확률이 기하급수적으로 높아지지만, 문제는 여러 의학적 한계로 인해 이를 일찍 발견하는 것 자체가 매우 어렵다는 점이다.

　놀랍게도 개미는 이 질병들을 해결하는 키맨(key men) 중 하나가 될 수 있다. 최근 개미는 심각한 질병을 예방하고 치료하는 데 있어 매우 중요한 존재로 떠오르고 있다. 이 작은 생명체가 우리 건강과 어뗗게 연결되어 있는지를 알면 개미 연구가 단지 생물학적 호기심을 채우는 것 이상의 의미를 지닌다는 사실을 이해하게 될 것이다.

예를 들어, 식중독이나 패혈증의 원인으로 잘 알려진 황색포도상구균은 자연계에서 매우 흔한 세균이다. 초기에는 푸른곰팡이에서 유래된 페니실린계 항생제가 균을 죽이는 데 사용됐지만 시간이 지나면서 내성을 가진 균들이 등장하기 시작했다. 1961년, 결국 메티실린 항생제에도 내성을 보이는 황색포도상구균이 발견되면서 이 균이 유발하는 패혈증, 심내막염, 뇌수막염, 폐렴, 골수염 등의 치료에 어려움이 생기기 시작했다.

하지만 2017년 미국 연구진들은 아프리카에 살고 있는 한 개미(*Tetraponera penzigi*)가 방출하는 포미카이신이라는 합성물이 메티실린에 내성을 가진 황색포도상구균을 죽이는 데 효과적이라는 사실을 밝혀냈다.[12] 더 놀라운 사실은 개미가 암세포를 탐지해 내는 능력 또한 지녔다는 점이다. 쥐를 대상으로 한 실험에서 개미는 암세포를 가진 쥐의 소변에서 약 20퍼센트 더 긴 시간 동안 머물렀다. 이는 암세포에서 방출되는 특정 화학 물질의 냄새를 개미가 감지하기 때문이라고 한다.

연구에 따르면 개미가 암세포의 유기 화합물을 인지하고 머물게 하는 데는 최소 30분 정도의 훈련 시간이 필요하다고 한다. 개가 암세포를 감지하도록 훈련시키는 데 걸리는 시간이 수개월에서 1년 정도라는 점과 비교하면 개미를 활용하는 것은 훨씬 빠르고 경제적인 방법인 것이다.

연구에 활용된 개미는 매우 흔한 종이기에 암세포 탐지에 활용될 수 있는 기술적 배경이 쉽게 마련되었다. 이 개미들은 한 번의 훈련만으로도 최대 아홉 번까지 암세포 탐지에 활용될 수 있었다. 또한 탐지 정확도도 매우 높게 나타나 암세포 진단에서 혁신적인 도구가 될 가능성을 보여 주고 있다.[13]

개미는 어둡고 습한 환경에서 집단생활을 하기에 전염병에 매우 취약할 수밖에 없다. 개미는 이를 극복하기 위해 잘 발달된 면역 시스템과 효율적인 위생 시스템을 발전시켰다. 이들의 면역 시스템은 인류가 질병을 이해하고 극복하는 데에도 큰 영감을 주고 있다.

식중독, 패혈증, 심내막염, 뇌수막염, 폐렴, 골수염, 암과 같은 질병을 한 번이라도 걱정해 본 사람이라면 개미 연구가 인류의 질병 극복에 얼마나 큰 기여를 할 수 있는지 깊이 생각해 보게 될 것이다.

개미 연구는 단순히 신체적 질병을 넘어 사회적 질병의 이해와 해결에도 도움을 주고 있다. 펜실베니아 대학교 연구진은 크리스퍼(CRISPR) 유전자 가위를 이용해 후각을 잃은 돌연변이 개미를 만들어 냈다.[14] 이 개미들은 식민지에서 다른 개미들과 상호작용하지 않고, 음식을 구하지 않으며, 짝짓기 전 몸단장을 하지 않는 등 반사회적인 행동을 보였다. 연구진은 이를 통해 사회적 정신 질환의 생물학적 발생 과정을 이해할 수 있는 길이 열렸다고 평가했다.

또한, 연구팀은 일개미가 기능적 여왕개미로 전환하는 동안 개미

뇌에서 코라조닌(Corazonin)이라는 신경 펩타이드가 생성된다는 사실을 발견했다. 이 물질은 척추동물의 생식 호르몬과 유사한 성분으로 밝혀졌으며, 코라조닌은 여러 사회성 곤충들의 일개미나 먹이 탐색자에게서 발견되는 물질이다. 연구가 진행됨에 따라 이 신경 펩타이드와 같은 화학적 과정을 더 잘 이해하게 되면 정신 질환의 이해와 치료에 새로운 길이 열릴 것이라는 기대가 커지고 있다.

이처럼 개미 연구는 단순한 생태 연구를 넘어, 인간 사회의 질병을 이해하고 해결책을 찾는 데 중요한 단서를 제공하고 있다.

가장 빠른 길을 찾아내는 개미 내비게이션

개미를 공부하는 것은 경제적 관점에서도 매우 중요하다. 여기서 흔히 주식에서 언급되는 '동학개미' 이야기를 하려는 것은 아니다. 우리가 일상에서 걷거나 운전할 때뿐만 아니라 산업 현장에서도 목적지까지의 최적의 경로를 계산하는 일은 매우 중요한 과제가 된다. 특히 운송비가 많이 드는 산업에서는 그 중요성이 더욱 크다.

예를 들어, 택배 차량이 하루에 얼마나 많은 경로를 다니는지 생각해 보자. 잘못된 경로를 선택하면 시간과 연료가 크게 낭비된다. 모든 택배가 제시간에 효율적으로 도착하려면 최적의 경로를 찾아야 한다. 바로 여기서 개미들의 길 찾기 방식이 유용한 해답을 제공할 수 있다.

개미들은 페로몬을 남기며 길을 찾는다. 이를 기반으로 만들어진 '개미 집단 최적화 알고리즘(ant colony optimization algorithms, ACO)'은 택배, 비행기, 물류 경로 등 다양한 산업에서 가장 빠르고 효율적인 경로를 찾아내는 데 기여하고 있다. 이 알고리즘은 개미들이 페로몬을 통해 최적의 먹이 경로를 찾아내는 방식을 인간의 여러 시스템에 응용한 것이다.

개미는 먹이를 찾으면 동료 개미들에게 알리기 위해 페로몬을 남기는데, 이 페로몬은 금방 증발한다. 만약 첫 번째 개미가 선택한 경로가 최적의 경로가 아니더라도 다른 개미들은 남아 있는 페로몬 때문에 그 길을 계속 따르게 될 수 있다. 이 상황은 마치 장거리 달리기 대회에서 선두 주자가 화장실을 가려고 옆길로 빠졌는데, 뒤따라오던 사람들이 우르르 그 길을 따라가는 것과 비슷하다. 하지만 여러 개미가 다니면서 중첩된 페로몬은 천천히 증발하고, 최적 경로는 빠르게 찾아진다.

개미 집단 최적화 알고리즘은 이러한 개미의 길 찾기 특성에 착안해 최단 경로를 찾아내는 방법으로, 인터넷 네트워크, 교통 흐름, 로봇 이동 경로, 인공지능 알고리즘 등 최적 경로를 찾아야 하는 다양한 분야에서 널리 활용되고 있다. 개미들의 의사소통과 경로 결정 과정은 우리가 직면한 복잡한 문제들을 효율적으로 해결할 실마리를 제공해 준다.

작은 생물이 전하는 인간 사회의 통찰

개미는 자연에서 차지하는 생물학적 비중이 다른 동물과 비교할 수 없을 정도로 높기에 여러 관점에서 매우 중요한 존재로 여겨진다. 또한, 개미를 이해하는 것은 곧 지구 생태계를 이해하고 모니터링하는 데 필수적인 과정이다. 개미는 고도로 발달한 사회를 구성하는 몇 안 되는 생물 중 하나로, 그들의 사회 구조와 상호작용을 이해하는 것은 인간 사회에 대한 깊은 통찰을 제공할 수 있다.

개미 연구가 주는 큰 교훈은 바로 '작은 것의 힘'이다. 눈에 잘 띄지 않는 이 작은 생물이 지구 생태계에서 얼마나 중요한 역할을 하며, 그들의 행동 패턴이 복잡한 인간 사회의 문제 해결에 어떻게 기여할 수 있는지를 보여 준다.

우리가 직면한 많은 문제의 해답은 이미 자연 속에 존재할 수 있으며, 개미를 더 깊이 들여다봄으로써 우리는 더 나은 해결책을 찾을 수도 있다.

거창한 이유를 들어 설명했지만, 다시 한번 강조하고 싶은 것은 개미 세계는 아름답고 신비로우며 경이롭다는 점이다. 우리 주변의 작은 존재들을 하찮게 여기기 쉽지만, 이런 작은 생물에 관심을 기울일 때 우리는 생각지도 못했던 큰 지혜를 발견하게 될 것이다.

2장

개미는 왜 멸종을 걱정하지 않을까?

진화하는 개미들

개미는 언제부터 지구상에 존재했을까

'우리는 어디서 왔는가?', '우리를 감싸고 있는 것들은 어떻게 시작됐는가?' 우리는 언제나 태초에 대해 궁금해한다. 과학은 이러한 질문들에 답하기 위해 끊임없이 발전해 왔고, 그 과정에서 수많은 혁신적인 발견들이 이루어졌다.

그중에서도 대표적인 예가 위대한 생물학자 찰스 다윈(Charles Darwin)의 진화론이다. 다윈은 저서 《종의 기원》을 통해 원시 바다에서 우연히 등장한 단순한 생명체가 어떻게 오랜 시간에 걸쳐 오늘날의 다양한 생명체로 진화했는지를 구체적으로 상상할 수 있게 해 주었다.

45억 년에 달하는 지구의 긴 역사를 하루 24시간으로 압축해 생명의 역사를 간단히 살펴보자. 최초의 생명체는 새벽 3시 40분경에 나타났고, 오전 7시 30분쯤에는 광합성이 시작되면서 공기 중에 산소가 형성되었다. 시간이 흘러, 밤 10시 43분에 이르러서는 캄브리아기 대폭발로 다양한 동물들이 급격히 출현했다. 11시 6분 28초에는 공룡이 등장해 53분간 지구를 지배하다가 멸종했다. 인간은 밤 11시 59분 53초에 등장해 불과 6초 동안 존재하고 있다. 개미는 밤 11시 12분에 나타나, 지금까지 48분 동안 지구에서 살아오고 있다.

억겁의 시간을 거슬러 개미가 등장한 밤 11시 12분, 즉 1억 년 전의 시점으로 돌아가 보자. 창백한 푸른 점이었던 당시의 지구는 우리가 아는 모습과는 확연히 다르다. 현대의 북아메리카와 유라시아가 합쳐진 로라시아, 남아메리카, 남극, 호주가 합쳐진 곤드와나 두 초대륙은 막 분열해 우리에게 익숙한 대륙 위치로 이동 중이었다.

당시 남극은 울창한 숲으로 덮여 있었다. 인도는 아시아와 분리된 섬이었으며, 인도와 유라시아 대륙 사이에는 테티스해(Tethys Ocean)라는 고대의 바다가 펼쳐져 있었다.

조금 더 확대해 보자. 가장 먼저 눈에 들어오는 것은 아마 공룡일 것이다. 이 시기에는 거대한 공룡들이 지구를 지배하고 있었다. 포효하는 스피노사우르스를 뒤로 하고 더 확대해 보자. 거대한 나무와 수풀들을 제치고 땅까지 시선이 다다르면 그곳에서 우리가 찾고 있던 곤충, 개미를 찾을 수 있을 것이다. 공룡들이 포효하며 지구를 휩쓸던 백악기에도 개미는 이미 그곳에 존재하고 있었다.

공룡들이 포효하며 지구를 휩쓸던 시대에 등장한 개미는 약 6천 6백만 년 전 멕시코 유카탄 반도에 운석이 떨어져 공룡을 멸종시킨 대재앙에서도 살아남았다. 변화하는 환경에 맞춰 끊임없이 적응한 그들은 오늘날에도 여전히 우리와 함께 지구의 곳곳에서 그들의 집단을 유지하고 있다. 긴 시간 동안 자신의 자리를 지켜 온 이 작은 생명체는 어쩌면 우리의 미래를 보여 주는 존재일지도 모른다.

개미의 역사를 품은 화석들

개미가 언제, 어디서, 어떻게 왔는지 그 기원을 알아내려는 노력은 오랫동안 이어져 왔다. 최근의 분자 시계 연구에 따르면 개미는 약 1억 4천만 년 전에서 1억 6천만 년 전에 벌에서 분화해 지구에 등장한 것으로 보인다.[1]

개미의 정확한 등장 시기를 추정하는 일은 여전히 논쟁거리다. 현대의 분자생물학은 생물의 유전 정보를 통해 생명체의 기원을 추적할 수 있는 도구를 제공하지만, 정확한 추정을 위해서는 눈에 보이는 화석 증거가 필수적이다. 화석이 형성되어 우리에게 발견되는 과정은 매우 희박한 가능성 속에서 이루어지며, 이는 거의 기적에 가까운 일이다.

낮을 확률로 발견되는 곤충 화석은 크게 두 가지 종류로 구분된

고대 지구 연대표

지질 시대			연대 (백만 년)
신생대	제4기	현세	0.0117
		플라이스토세	2.58
	네오기	플라이오세	5.333
		마이오세	23.03
	팔레오기	올리고세	33.9
		에오세	56.0
		팔레오세	66.0
중생대	백악기		145.0
	쥐라기		201.3
	트라이아스기		251.9
고생대	페름기		298.9
	석탄기		358.9
	데본기		419.2
	실루리아기		443.8
	오르도비스기		485.4
	캄브리아기		541.0

다. 하나는 호박 화석(amber fossils)으로, 소나무 송진 같은 식물 수지가 떨어져 곤충과 함께 굳어지며 형성된다. 이 화석을 통해 수억 년 전 생물과 그 당시 환경의 정보를 알 수 있다. 호박 화석은 '지구의 타임캡슐'이라 불리며, 영화 〈쥐라기 공원〉에서는 이를 이용해 공룡 DNA를 복원하려는 이야기가 등장하기도 한다. 비록 현실적으로는 어려운 이야기이긴 하지만 그럼에도 호박 화석은 진화생물학과 고생물학 연구에서 무한한 가능성을 제시한다.

또 다른 종류로는 흔적 화석(trace fossil), 또는 인상 화석(impression fossils)이다. 새로 만들어진 농구코트나 시멘트를 새로 바른 곳에 잠자리 모양이나 고양이 발자국이 찍혀 있는 것을 본 적이 있을 것이다. 물론 화석이 그런 방식으로 진흙에 뚝딱 찍혀서 만들어지지는 않는다. 우리가 박물관에서 보는 화석과 비슷한 원리로, 진흙에 묻힌 개미가 지층이 형성되는 과정에서 화석화되고 그 흔적이 현대에 우연히 발견된 것이다.

흔적 화석이 되기 위해서는 먼저 물에 빠지거나 죽은 생물의 몸이 얕은 물가로 떠내려 와야 한다. 개미는 여러 마리의 공주개미와 수개미들이 하늘에서 날아다니며 짝짓기하기 때문에 바람이 불면 얕은 물에 빠지기 쉽다. 이 같은 생태 특성은 개미 흔적 화석이 다른 화석보다 상대적으로 많이 발견되는 이유 중 하나다.

개미는 절대적인 개체수가 많았기 때문에 호박 화석과 흔적 화석 모두 꽤 많이 발견되는 편이다. 과학자들은 신생대 에오세, 올리고 세, 마이오세의 지층에서 적지 않은 수의 개미 화석을 발견했다. 하지만 그들은 초기 개미의 조상이라고 하기에는 지나치게 현대 개미와 유사했다.

개미의 조상은 어떻게 생겼을까?

1966년 미국 뉴저지주 라리탄만(Raritan bay)에서 호박에 갇힌 한 개미화석이 발견되며 기존에 알려졌던 가장 오래된 개미 기록이 갱신됐다. 바로 말벌개미(*Specomyrma*)다. 약 9천만 년 전 백악기 티라노사우루스와 같이 살았던 4밀리미터가량의 이 작은 개미는 벌과 개미 사이의 진화적 연결 고리로 여겨진다.

이들은 벌과 개미의 특징을 모두 갖췄다. 뒷가슴샘, 허리 마디, 독침을 지녔으며, 짧은 큰턱과 전체적인 몸의 형태는 현생 개미 가운데 원시적인 개미로 알려졌던 호주의 공룡개미(*Nothomyrmecia*)를 연상시킨다. 그러나 큰턱의 생김새는 개미보다는 말벌과 더 유사하다.

초기에 발견된 말벌개미 화석에서는 뒷가슴샘이 잘 보이지 않고 더듬이 곤봉 마디(기역 자 모양으로 생긴 개미의 더듬이 가운데 몸과 가까운 마디를 곤봉 마디, 먼 쪽 마디를 채찍 마디라고 함)가 너무 짧아 이 개미가 정말 개미인지에 대한 논란이 있었다. 그러나 시간이 지난 뒤 발견된 화석들에서 뒷가슴샘이 명확하게 확인되면서 가장 오래된 개미로 인정받았다.

나중에 더 발견된 말벌개미 화석들을 통해 이 원시 개미가 백악기 후반 로라시아(현재의 아시아, 시베리아, 북아프리카)에 널리 퍼져 있었음을 알 수 있었다. 하지만 그들의 밀도는 신생대나 현대의 개미 밀도와 비교하면 눈에 띄게 낮았던 것으로 보인다.

예를 들어, 캐나다 앨버타주에서 발견된 수천 마리의 곤충 가운데 말벌개미는 단 두 개체에 불과했다. 또한, 카자흐스탄에 발견된 526 개의 흔적 화석 중 단 다섯 개체만이 말벌개미였다.[2] 고대를 지배했던 이 원시 개미들은 약 6천 5백만 년 전 백악기 말에 지구상에서 자취를 감췄다.

사실 엄밀히 말하면 말벌개미보다 먼저 벌에서 갈라져 나온 것으로 추정되는 개미가 있다. 바로 아르마니아개미(*Armania*)다. 이 개미는 약 1억 년 전 현재의 아시아와 아프리카 대륙에 속하는 백악기 지층에서 발견되었으며 그 역사는 매우 복잡하다.

이 개미를 최초로 발견한 러시아의 고생물학자 겐나디 들루스키(Gennady M. Dlussky)가 말벌개미아과로 분류했으나, 그 뒤로 들루스키는 아르마니아개미를 개미과 자격에서 박탈하고 독립된 과로 분류했다.

위대한 개미 생물학자 에드워드 윌슨(Edward Osborne Wilson)은 면밀한 조사를 거쳐 아르메니아개미를 다시 말벌개미아과로 편입했지만, 세계의 개미 카탈로그를 작성한 영국의 개미학자 배리 볼튼(Barry

Bolton) 교수는 아르메니아개미를 여전히 독립된 아과로 보았다. 이러한 혼란은 흔적 화석의 특성상 형태가 뚜렷하게 보존되지 않았기 때문인데, 여러 학술적 논의를 거친 최근의 연구들은 아르마니아개미를 말벌개미아과의 하위 그룹으로 보고 있다.

보존 상태가 불안정한 부분을 어떻게 해석하느냐에 따라 개미과의 뿌리가 흔들릴 수 있기 때문에 이들을 분류학적으로 어디에 두어야 할지와 관련한 논쟁은 지금도 계속되고 있다.

턱에 낫이 달린 고대의 지배자들

말벌개미와 같이 과거에 존재했지만 현재는 멸종한 측계통군(하나의 공통 조상을 가진 생물군들로 이루어졌지만 그 공통 조상 아래의 생물군을 모두 포함하지 않는 불완전한 분류군을 뜻함) 개미들을 묶어 줄기군 개미(stem ants)라고 부른다.

줄기군 개미에는 말벌개미가 속하는 말벌개미아과, 지옥개미아과, 고문도구를 닮은 큰턱을 가진 철관개미아과(Zigrasimeciinae), 그리고 브라우니메시아개미아과(Brownimeciinae) 등이 포함된다. 이러한 줄기군 개미들도 오늘날 개미와 마찬가지로 사회성을 가졌을 가능성이 높다는 증거가 계속해서 발견되고 있다.[3,4]

그중에서 가장 주목받는 개미는 지옥개미다. 지옥개미는 프랑스,

미얀마, 캐나다의 백악기 지층에서 발견되었으며, 이들의 사진을 보면 낫 모양 큰턱이 눈에 띈다. 과학자들은 지옥개미가 큰턱을 수직으로 움직일 수 있었을 것이라 보는데, 이는 오늘날의 곤충들과는 매우 다른 특징이다.

거의 모든 곤충은 큰턱이 좌우로 움직이는 방식으로 먹이를 씹는다. 사슴벌레를 생각해 보자. 이들을 싸움 붙이려 딱지 날개를 손가락으로 잡으면 가위 같은 큰턱을 좌우로 움직이며 당신을 물려고 할 것이다. "헤라클레스장수풍뎅이는 위아래로 뿔을 움직이는데?"라고 반론할 수도 있다. 그러나 잘 생각해 보면 장수풍뎅이는 머리를 위아래로 움직이는 것이지 머리에 붙어 있는 큰턱은 다른 곤충들과 같이 좌우로 움직이며 씹는 운동을 한다.

수직 저작 방식은 그들의 친척인 거미, 갑각류나 저 멀리 물고기, 강아지와 같은 척추동물 등에서 볼 수 있다. 사람 또한 위아래로 움직이는 수직 저작운동을 한다.

곤충과 가까운 친척인 톡토기, 낫발이, 좀붙이 등 내구류(Entognatha) 생물들은 구형의 큰턱 관절을 지녀 비교적 자유롭게 큰턱을 움직일 수 있다. 그에 비해 곤충은 움직임의 방향을 좌우로 고정시키는 대신 씹는 힘을 증가시켰다.

지옥개미를 제외한 곤충 가운데 큰턱이 수직에 가깝게 움직이는 것으로 알려진 예는 일부 깡충좀벌(Chalcidoidea) 종류와 극소수의 수생 딱정벌레 애벌레뿐이다. 지옥개미가 보통의 곤충과 다르게 수직

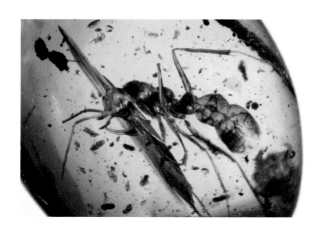

**낫모양의 큰턱이 눈에 띄는
미얀마 호박화석 속의 지옥개미(*Linguamyrmex vladi*)**

사진 제공: Phillip Barden

으로 큰턱을 움직였을 것이라는 추정은 미얀마에서 발견된 지옥개미 호박 화석에 의해 더욱 뒷받침된다.

이 화석은 지옥개미가 먹이를 사냥하던 중에 불운하게도 호박에 갇힌 모습을 보여 주는데, 이를 통해 지옥개미가 몸이 비교적 말랑한 먹이를 집어 들고 뿔로 구멍을 내어 흘러나오는 체액을 먹었을 것이라 추측한다. 이러한 흡혈 행동은 오늘날에도 드라큘라개미나 지네잡이개미와 같은 원시 개미 계통에서 발견되기에 크게 놀라운 일은 아니다.

약 2천만 년 동안 지구에 널리 퍼져 살던 지옥개미는 다른 줄기군 개미들과 함께 지구상에서 자취를 감췄다. 이들의 멸종 원인은 여전히 미스터리로 남아 있다. 들루스키가 지적했듯 이들의 머리 형태가 지나치게 다양했던 점이 오히려 멸종의 원인이 되었을까? 아니면 그들의 편식 습관이 문제였을까? 나무에서 살았을 것이라는 생태적 특성이 그들을 멸종에 더 취약하게 만든 것일까(최근 연구는 지옥개미가 나무가 아닌 땅에서 살았을 가능성을 제시하고 있다[5])?

지구 역사의 한 편을 장식하는 지옥개미의 대규모 멸종은 여전히 많은 과학자의 호기심을 자극하고 있다. 제한적인 증거들을 바탕으로 수천만 년에 걸친 생물의 역사를 재구성하는 일은 결코 쉬운 일이 아니다. 그러나 이러한 특성이 바로 고생물학과 계통학의 매력을 더욱 끌어올리는 요소라는 사실은 분명하다.

수억 년의 시간을 거슬러 올라가 생명의 역사를 재구성하는 일은 어렵지만, 이러한 탐구는 우리에게 생명의 경이로움과 지구의 과거, 그리고 나아가 미래를 깊이 생각하게 하는 계기가 된다.

빠른 속도로 지구를 장악한 개미의 역사

공룡이 멸종하고 지구가 얼었다, 녹았다 하는 거대한 사건이 지구의 역사를 뒤흔들 때 개미는 조용히 세력을 확장하고 있었다. 비록 눈에 잘 띄지 않을 정도로 작은 생명체이지만, 개미는 놀라운 적응력을 지니고 있었다.

중생대에는 속씨 식물이 빠르게 퍼지기 시작했는데, 이는 데본기에 나타나 이미 지구에 자리 잡은 겉씨 식물을 압도할 정도였다. 속씨 식물이 제공하는 다양한 생태적 이점을 바탕으로 개미는 여러 생태계에서 생활 범위를 빠르게 넓혀 나갔다. 개미는 중생대에는 전체 동물군의 약 1퍼센트에 불과했지만, 신생대에 이르러 포유류와 함께 전성기를 맞이했다. 그들은 지구의 생태계를 지배하는 중요한 존재로 자리 잡았으며, 오늘날까지도 그 위치를 지켜오고 있다.

개미의 방산(한 생물군이 짧은 지질학적 시간 동안 다양한 환경에 적응하면서 여러 종으로 빠르게 다양화하는 과정, adaptive radiation)은 신생대 마이오세 말기 무렵에 절정에 이르렀고, 결국 오늘날 우리가 보는 것처럼 개미는 전 세계의 거의 모든 토양과 수목 생태계를 차지하는 주인공이 됐다. 5센티미터에 달하는 몸집을 가진 거대한 개미 티타노머마(*Titanomyrma*)로 대표되는 고대불개미아과(Formiciinae)를 제외한 모든 왕관군(특정 생물 그룹에서 살아 있는 모든 종들과 이들의 마지막 공통 조상, 그리고 그 조상에서부터 유래된 모든 후손을 포함하는 단계통 집단) 개미 열여섯 개 개미아과는 현대까지 성공적으로 살아남았다. 60쪽의 그림을 보면 현재 개미를 구성하고 있는 주요 구성원을 알 수 있다.

왕관군 개미 중에서 조상과 가장 가까운 원시적인 개미는 화성개미(*Martialis*)와 지네잡이개미(*Leptanilla*)다. 화성개미아과(Martialinae)에는 화성개미 단 하나의 종만이 기록되어 있는데 이 개미는 여러모로 미스터리한 존재이다. 남아메리카 어두운 숲의 땅속에 살며 말랑말랑한 동물을 사냥하는 것으로 알려져 있으나, 그 외의 생활사는 베일에 싸여 있다.

화성개미와 비교하면 그래도 생활사가 비교적 알려진 편인 지네잡이개미는 주로 유라시아 대륙의 열대, 아열대 지방의 땅속에 서식하며, 집단으로 지네를 사냥하고 자신들의 유충의 피를 빨아먹는 독특한 생태를 가진다.

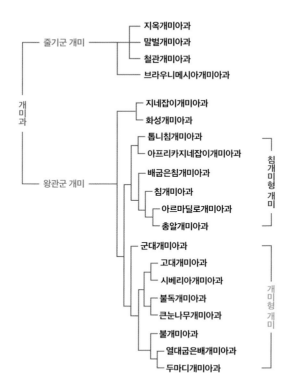

개미의 진화적 관계를 보여 주는 그림

한국에 서식하지 않아 정식 국문학명이 없는 개미의 이름은 저자가 임의로 번역했다. 원문은 참고문헌[6]에서 확인 가능하다.

개미 연구자들 사이에서도 화성개미아과와 지네잡이개미아과 중 어떤 아과가 현존하는 개미의 자매군인지를 두고 의견이 분분하다. 이 두 아과의 분자 계통 관계는 여전히 풀리지 않은 수수께끼로 남아 있지만, 이들 모두 개미 진화의 역사를 품은 살아 있는 화석이라고 할 수 있다.

원시적인 모습으로 진화에 성공한 침개미

진화적인 관점에서 비교적 원시적인 침개미 무리(침개미형 개미, Poneroid)는 주로 땅속을 중심으로 다양한 환경에 적응하며 놀라운 생존력을 보여 줬다. 침개미류는 여러 환경에서 살아남아 높은 다양성을 자랑하지만, 의외로 다소 원시적인 특징들을 여전히 가지고 있다. 그들의 조상인 벌과 닮은 외형과 발달된 독침이 그 예다. 번식력이 낮고 군집 규모가 다른 개미아과에 비해 훨씬 작은 것도 특징적이다.

두마디개미아과, 군대개미아과, 불개미아과처럼 개체 간, 계급 간 몸 형태 차이가 작고, 일반적으로 개미들이 하는 영양 교환(먹이 전달 형식의 일종, trophallaxis)도 하지 못하며, 페로몬을 통한 소통도 비교적 덜 발달한 것으로 보인다.

이러한 원시적인 특징에도 불구하고 침개미 무리는 둘째 가라면 서러울 정도로 초기 방산에 성공하여 다양한 환경에서 안정적으로 자리잡았다. 전 세계적인 토양 샘플 조사에 따르면 침개미 무리는 전체 개미 무리의 약 22퍼센트를 차지하는 것으로 나타났다.[7]

개미 연구계의 전설로 통하는 미국의 에드워드 윌슨 교수와 독일의 베르트 횔도블러(Bert Hoelldobler) 교수는 이처럼 원시적으로 보이는 특징들을 가진 채 진화적으로 크게 성공한 현상을 침개미 역설(Ponerine paradox)이라고 불렀다.

침개미류 가운데 하나인 네오포네라 침개미(*Neoponera apicalis*)

촬영지: 페루

침개미의 자리를 위협한 존재들

땅속을 중심으로 빠르게 확산하던 침개미들에게도 도전자가 있었다. 바로 다른 개미들이다. 침개미 무리의 확산이 정체되기 시작할 무렵, 초기 에오세 이전 시기에 두마디개미아과의 전성기가 찾아왔다. 이들은 침개미와 먹이와 둥지 자리를 두고 치열한 경쟁을 벌였고, 침개미 무리의 가장 강력한 경쟁자가 되었다.[8] 두마디개미아과는 보다 효율적인 군집 구조와 발달된 사회성을 바탕으로 침개미와 경쟁하며 생태계에서 그들의 자리를 확고히 했다.

이러한 경쟁은 침개미가 오랜 시간 동안 유지해 온 지배력을 위협했으며, 침개미의 시대가 저물고 개미형 개미의 시대가 열리는 계기가 됐다.

개미에게서
엿보는
집단 지성

개미의 세계는 놀랍도록 복잡하고 체계적이다. 작지만 매우 효율적인 이 곤충들은 지구의 거의 모든 환경에서 살아남으며, 독특한 생존 전략을 통해 진화해 왔다. 20세기 초, '집단 지성'이라는 단어를 최초로 만든 미국의 곤충학자 윌리엄 휠러(William Wheeler)는 개미를 다음과 같이 말했다.

"개미는 북극 지역에서 열대 지방까지, 가장 높은 산의 수목 한계선에서부터 움직이는 모래 언덕과 해안가에 이르기까지 어디에서나 발견됩니다. (…) 그 수는 다른 모든 육상 동물보다 많을 뿐만 아니라, 심지어 매우 제한된 지역 내에서도 그들의 집단은 셀 수 없을 정도입니다."

사실 침개미들은 대부분 땅속에 살고 크기가 작아서 우리 주변에서 쉽게 볼 수 있는 개미는 아니다. 우리가 집 주변에서 보는 땅에 걸어 다니는 대부분 개미는 시베리아개미아과, 두마디개미아과(Myrmicinae), 불개미아과에 속하는 개미형 개미(Formicoid)다. 뒤늦게 등장한 이들은 어떻게 침개미들이 이미 자리 잡은 세상에서 성공적으로 뻗어 나갔을까?

침개미류가 땅을 공략하는 동안 개미형 개미들은 나무와 들판으로 영역을 확장했다. 이들의 폭발적인 방산에 결정적인 역할을 한 것은 먹이의 다변화와 영양 교환일 것이다.

영양 교환을 하는 개미들은 액체 먹이를 먹고 이를 사회적 위에 저장한다(되새김질을 하는 소처럼 개미는 위가 두개다. 하나는 소화 기능을 하는 위고 다른 하나는 먹이를 저장했다가 동료에게 건내 주는 용도의 사회적 위다). 그리고 다시 뱉어 다른 동료에게 나눠 주며 군집 전체로 퍼뜨린다.

스위스의 저명한 신경과학자이자 개미학자인 오귀스트 포렐(Auguste Forel)은 이 영양 교환이 개미 사회의 핵심이라고 생각했다. 영양 교환을 통해 액상 먹이를 군집 전체에 매우 빠르고 효율적으로 전달하고, 이는 진딧물, 깍지벌레, 매미충과의 공생을 촉진하면서 진화의 큰 도약을 이루었다. 이들은 개미의 보호를 받는 대신 액체 먹이를 내놓았고, 개미는 이 액체 먹이를 빠르게 동료에게 전달하며 먹이

수송 체계 효율이 극대화됐다.

이처럼 개미들은 서로 다른 생태적 전략을 통해 지구 전역의 다양한 환경에 성공적으로 적응해 왔다. 특히 현생 개미아과 중 가장 많은 종을 보유한 두마디개미아과는 약 8천 종에 이르며, 이들은 전 세계의 다양한 환경에서 독자적인 생존 전략을 통해 놀라운 진화적 성공을 거두었다. 이 무리에 속하는 혹개미는 단일 속에서만 약 1천 3백여 종이 기록되어 있으며, 이는 전 세계 1만 5천여 종의 개미 중 약 8.7퍼센트에 해당하는 비율이다.

두마디개미아과의 기원과 방산은 여전히 미스테리한 영역이다. 캘리포니아 대학교 데이비스 분교의 필립 와드(Philip S. Ward) 교수와 동료들은 DNA상의 초보존요소(ultraconserved elements, UCE)를 분석해 현대적으로 개미의 족보를 재구성했다.[9] 독일의 베른하르트 자이퍼트(Bernhard Seifert) 박사와 그 연구진들은 유전자 기반으로 측계통군을 없애는 형식의 계통 분류 시도가 실제 개미 분류 체계와 불일치할 수 있다는 비판을 늘어놓았지만,[10] 와드 교수의 논문은 개미 세계의 유전자 역사 지도로써 지금도 여전히 널리 받아들여지고 있다.

이 연구에서 와드 교수는 두마디개미아과가 현대의 신열대구(중남미 지역)에서 기원하여 전 세계로 퍼져 나갔다고 주장한다. 반면 윌슨과 휠도블러는 두마디개미아과가 열대 지역의 토양과 낙엽 더미를 공략하며 다양성을 넓혀 왔다는 주장을 펼쳤다. 블루스키는 아프리카 보츠와나에서 약 9천 만 년 전에 발견된 아프로머마(*Afromyrma*)

화석과 유럽에서 발견되는 두마디개미아과의 비율을 토대로 이들이 아프리카에서 기원했으며, 주로 나무에서 생활했을 것이라고 주장했다. 어디서 어떻게 나왔는지는 여전히 분명하지 않지만, 확실한 것은 두마디개미아과의 진화적 성공 요인에 먹이의 혁신이 있다는 점이다.

초기 개미들, 특히 침개미형 개미들은 대부분 육식성이었다. 그러나 두마디개미아과는 씨앗과 엘라이오좀(elaiosome)과 같은 식물성 먹이로 그들의 먹이 영역을 넓혔다. 이는 동물성 먹이가 다소 부족하지만 식물은 풍부한 건조한 초원이나 사막과 같은 서식지에서도 활동 범위를 넓힐 수 있도록 이끌었다. 더 나아가 다른 생물과의 광범위한 공생, 목축과 농사를 시작하면서 수렵에만 의존하지 않는 생태적 이점을 얻었다.[11]

이들의 이름에서도 알 수 있듯이 두마디개미아과는 다른 개미들보다 한 마디 더 많은 배자루마디를 가지고 있다. 이로 인해 더 좁은 틈에서의 움직임이 유리해졌고, 군락의 방어와 같은 활동에서 이점을 얻었을 것이다. 벌목에서 허리 구조의 진화가 이들의 다양성 증가에 결정적인 역할을 했다는 것은 학계에서 널리 인정받는 사실이다.[12] 개미형 개미의 또 다른 특징은 얇은 큐티클이다. 이들은 침개미형 개미에 비해 상대적으로 얇은 큐티클을 가지고 있는데, 이는 군집을 빠르게 늘리는 데 필요한 진화적 비용을 절감하는 생태적 전략으로 보인다.[13]

개미산으로 무장한 불개미아과

우리가 주변에서 흔히 볼 수 있는 왕개미, 곰개미, 풀개미 등은 모두 불개미아과에 속한다. 불개미아과는 약 3천 종이 속해 있으며, 이 개미들을 잡아서 냄새를 맡아 보면 식초 같은 강한 냄새를 느낄수 있다. 이 냄새는 불개미아과 개미가 방출하는 산성 물질인 개미산에서 비롯된 것이다. 불개미아과는 배 끝에 있는 밸브를 통해 개미산을 방출할 수 있으며, 이는 오직 불개미아과만이 지닌 특징이다.

개미산을 적극적으로 사용하는 대표적인 개미인 불개미는 배를 구부려 마치 물총을 발사하듯 개미산을 발사할 수 있는데, 그 발사 과정을 눈으로 확인할 수 있을 정도다. 심지어 카메라로 촬영하면 산성이 꽤 강해서 렌즈 코팅이 벗겨지기도 한다.

개미산은 개미 사회의 위생과 면역, 병균 관리에 큰 역할을 한다. 개미는 습도가 높은 땅속에 모여 사는 특성상 질병에 매우 취약하지만, 개미산과 개미에게만 존재하는 뒷가슴샘에서 분비되는 항생 물질 덕분에 군락을 보호할 수 있다. 불개미는 집안에 곰팡이에 감염된 번데기가 있으면 개미산을 뿌려 곰팡이가 더 퍼지는 것을 막고, 때로는 개미산을 직접 마셔 먹이에 존재할지 모르는 병원균으로부터 몸을 지킨다.[14,15]

침엽수림에 사는 불개미는 소나무 송진과 그들의 개미산을 섞어 화합물을 만드는데, 이 화합물은 곤충 병원성 세균을 억제하는 데

침엽수림에 살며 개미산을 적극적으로 사용하는 불개미(*Formica* sp.)

촬영지: 미국 오레곤

탁월한 효과를 발휘한다.[16] 서로 다른 화학물질을 사용해서 마치 락스처럼 소독 목적으로 쓰는 생물은 인간을 제외하면 불개미가 유일한 것으로 보인다. 개미산은 다른 개미의 공격으로부터 동료를 구하는 약재로도 쓰인다. 어떤 개미들은 그들의 개미산을 붉은불개미 독의 해독제로 사용해서 사망률을 줄인다.[17]

불개미아과는 개미산과 같은 독특한 생물학적 무기를 바탕으로 다양한 환경에서 성공적으로 정착하며 번성했다. 그들은 개미산뿐만 아니라 다른 생물들과의 공생을 통해 적응력과 생존력을 극대화한 대표적인 개미 무리다.

각자의 방식으로 오늘날까지 살아남은 개미들

지금까지 개미의 역사를 짚어 봤다. 1억 년 전 고대 개미들부터 현대의 개미에 이르기까지 그들은 수많은 전략을 통해 생존해 왔다. 백악기 대멸종과 같은 거대한 변화 속에서도 개미는 꾸준히 진화하며 지구 전역에 정착했다. 오늘날에는 열여섯 개의 개미 소가족, 즉 개미아과가 존재하며 각각의 아과는 고유한 전략을 통해 환경에 적응해 왔다.

침개미류들은 주로 땅을 공략했으며, 그들은 원시적인 특징들을 가지고 있음에도 독특한 전략을 통해 진화적으로 성공했다. 불개미아과, 시베리아개미아과, 두마디개미아과 등 개미형 개미들은 먹이를 다변화시켰다. 특히 두마디개미아과는 개미 중 가장 많은 종수를 가진 무리가 됐다. 이들은 식물의 씨앗을 옮겨 주는 전략을 선취하며 들판과 사막으로까지 서식지를 넓힐 수 있었다.

또한, 불개미아과는 새로운 무기를 만들어 냈다. 조상때부터 지니고 있던 독침을 버리고 개미산을 개발해 사냥, 방어, 면역 등의 측면에서 큰 혁신을 이뤘다. 그리고 협력과 공생의 가치를 깨달아 주변 생물들과 긴밀히, 또 광범위하게 공생하며 지구상에 성공적으로 적응했다.

이제 치열한 과거를 지나온 개미들이 현재 어떤 모습으로 살아가고 있는지 살펴볼 차례다. 토양 생태계를 차지한 유일한 사회성 곤충 개미, 그들의 사회는 어떻게 유지될 수 있는 것일까? 그리고 어떤 방식으로 오늘날의 생태계에서 살아남고 있을까? 이 질문들의 답을 찾기 위해 이제 개미들의 세계로, 그들이 터전을 이루고 있는 땅속으로 들어가 보자.

3장

가장
작은 것으로부터
탄생한
거대 제국

체계를 만드는 개미들

모든 공주가
여왕이 되지는
않는다

　햇볕이 따사로이 내리쬐며 얼어붙었던 생명들에 활기를 불어넣어 주는 봄. 주변에서 유달리 결혼 소식이 많이 들려오는 계절이다. 봄과 가을이 결혼식을 올리기 좋은 계절인 것은 사람뿐만 아니라 개미에게도 마찬가지다. 일 년에 대체로 한 번 뿐인 결혼식을 치르기 위해서 땅속에서는 수많은 개미 커플이 분주하게 준비 중이다. 결혼식을 올릴 신랑, 신부 개미들은 우리가 흔히 봐왔던 개미와 큰 차이가 있다.

　다른 점을 열거하자면 많지만, 아마도 가장 먼저 눈에 들어올 차이점은 바로 역시 날개다. 개미의 생김새를 떠올려 보자. 관심도에 따라 누군가는 검정색 덩어리, 누군가는 잘록한 허리, 누군가는 세 마

일개미에 비해 월등히 큰 가슴이 특징인 여왕개미(사진 가운데)

촬영지: 싱가포르

디로 나뉘어진 머리, 가슴, 배를 떠올릴 테지만, 머릿속에서 떠오르는 개미의 이미지에는 날개가 없을 확률이 높다. 날개가 있는 개미라니, 분명히 익숙하지 않다. 그 이유는 실제로 우리가 볼 일이 많이 없기 때문이다.

이들 생식개미들이 비행하는 이유는 단 하나, 짝짓기하기 위함이다. 개미는 공중에 날면서 짝짓기를 한다. 이를 '결혼비행(Nuptial flight)'이라고 부른다. 결혼비행은 그들의 조상 벌들은 미처 생각해내지 못한, 개미들이 독자적으로 만들어 낸 놀라운 생식 전략이다.

결혼비행은 크게 두 가지 전략이 있다. 공주개미가 멀리 이동하지 않고, 대신 성페로몬을 방출해 수컷을 불러모아 교미하는 전략은 주로 침개미형 개미와 군대개미에서 보인다. 반면 대부분의 개미형 개미들은 공주개미와 수개미가 동시에 특정 장소로 모여 단체로 교미

를 한다.[1]

주변에서 더 흔히 볼 수 있는 후자의 결혼비행 방식을 기준으로 그들의 결혼식에 참관해 보자. 날개 달린 공주개미와 수개미는 결혼식을 치를 때만 땅 밖으로 나온다. 보통 비가 땅을 흠뻑 적신 다음날, 바람이 강하지 않고 맑은 날에 약속이라도 한 듯 생식개미들이 개미집 밖으로 쏟아져 나온다. 개미집에서의 가장 큰 이벤트에 흥분한 일개미들도 같이 나와 생식개미들의 주변에서 배회하곤 한다. 이윽고 생식개미들은 일개미들의 배웅을 받으며 처음이자 마지막 날개짓을 한다.

공주개미는 종에 따라 다르지만 대개 몸집이 크고 무거워서 나는 데 서투르다. 그렇기 때문에 몸집이 큰 개미의 경우는 주변의 나무, 풀 등 올라갈 수 있는 곳으로 올라가 몸을 던지듯 점프하며 바람을 타고 날아오른다. 바람을 잘 탄 붉은불개미의 공주개미는 무려 250미터의 높이까지 날아오를 수 있으며, 수 킬로미터를 이동할 수 있다.[2] 수개미는 공주개미보다는 몸집이 작고 가벼우므로 날아오르기 더 수월한 편이다.

이들은 자신들의 조상들이 매년 모이던 곳에 모여 짝짓기한다. 큰 나무 아래, 산 속 커다란 바위, 광장 등은 짝짓기 장소로 안성맞춤이다. 해당 장소에 도착해 모인 다음 개미들은 짝짓기를 시작하며, 이는 하늘과 땅 모두에서 이루어진다. 멀리서 보면 수많은 날파리 떼처럼 보인다. 대개 공주개미는 수개미 한 마리와 교미하지만, 군대

노랑꼬리치래개미(*Crematogaster osakensis*)의 공주개미와 수개미의 짝짓기 모습
촬영지: 한국 제주도

개미, 잎꾼개미, 포고노머멕스 수확개미 같은 개미들은 암컷 한 마리가 여러 마리의 수개미와 교미하며 유전적 다양성을 높이기도 한다. 공주개미는 단 한 번의 교미로 평생 수만 개의 알을 수정시킬 수 있을 정도의 충분한 정자를 공급받는다. 수컷의 정자는 정자를 보관하는 주머니인 저정낭에 보관한다. 찰나의 짝짓기를 마친 수개미는 대부분이 곧바로 죽는다. 이는 개미 세계에서 수컷의 숙명이다.

기구한 운명의 수개미와는 달리, 공주개미는 정자를 공급받으며 비로소 생명을 잉태할 수 있는 여왕개미가 된다. 여왕개미가 된 공주개미는 쓸모를 다한 날개를 뜯어낸다. 큰턱을 이용해 잘근잘근 날개 연결부를 씹으며 잠시나마 창공을 누비게 해 주었던 날개와 작별한다. 여왕개미는 개미 왕국의 운명을 짊어지고 비로소 안전한 곳에 자리를 잡는다. 돌 아래나 이끼 밑 공간, 썩은 나무속은 왕국을 꾸려 나가기에 훌륭한 공간이다. 그렇기에 경쟁도 치열하다. 보통 한 마리의 여왕개미가 한 공간을 차지하지만, 종류와 환경에 따라 여러 마리의 여왕개미들이 한 공간에 자리 잡기도 한다. 일단 자리 잡은 여왕개미는 안정되면 알을 낳기 시작한다. 그들은 저정낭에 저장된 살아 있는 정자를 이용해 알을 수정시킨다. 본격적으로 군락을 책임지는 여왕으로서의 삶이 시작되는 순간이다.

위험천만한 독립, 여왕개미의 생존을 위한 선택

알을 낳는 것은 많은 에너지와 영양분을 소모하는 일이다. 하지만 여러 여왕개미는 첫 번째 일개미가 나올 때까지 아무런 먹이 활동 없이 버틸 수 있다. 이는 날개를 움직이던 거대한 가슴 근육을 더 이상 필요로 하지 않게 되면서 그 근육을 에너지원으로 사용하기 때문이다. 이러한 방식 덕분에 여왕개미는 먹이를 구하러 나가지 않고도 안전한 공간에서 자식을 돌보는 일에 전념할 수 있다. 이런 전략을 '폐쇄형 독립 군체 형성'이라고 하며, 두마디개미아과, 불개미아과, 시베리아개미아과 등 주로 개미형 개미에서 볼 수 있다.

반면 침개미류나 불독개미류와 같은 개미들은 첫 번째 일개미가 나올 때까지 아무것도 먹지 않고 버티기 어려워, 신여왕개미가 직접 사냥에 나서야 한다. 이런 경우 초기 여왕개미가 밖에서 돌아다니며 사냥을 하기 때문에 사망률이 높아지지만, 이는 이후 진화 과정에서 폐쇄형 독립 군체 형성 전략으로 보완됐을 것이다.

글로 덤덤히 서술하니 별일이 아닌 것처럼 느껴질 수 있지만 각종 천적이 도사리는 토양생태계에서 성공적으로 개미집을 꾸리는 여왕개미는 극히 드물다. 예를 들어, 브라질의 아타 캐피구아라 잎꾼개미(*Atta capiguara*)의 경우 새로 만든 1만 3,300개 군락 중 열두 개 군락만이, 아타 섹스덴스 잎꾼개미(*Atta sexdens*)는 3,588개의 초기 군락 중 단 90개 군락만이 살아남았다.[3] 땅에 도사린 거미나 딱정벌레 등 각종 포식자들이 얼마나 많은지를 상상해 보면, 개미왕국이 제대로 작동하기까지 얼마나 많은 위험이 따르는지 알 수 있다.

결혼비행은 유전자 다양성을 효과적으로 높일 수 있고, 멀리 날아가야 하기 때문에 분산에 있어서는 유리했다. 하지만 새로운 환경에서 독립적으로 살아가는 일은 개미에게 큰 부담이었을 것이다. 적이 득실대는 곳에 발을 들여 새 터전을 만들기 위해 일부 개미들은 더 안전한 방법을 찾아냈다. 이들은 전략을 완전히 바꿔 날기를 포기하고 원래 집에서 일개미들을 이끌고 걸어 나와 새로운 군체를 형성하기 시작했다. 마치 꿀벌이 분봉하는 것처럼 말이다.

이 전략 아래에서는 여왕개미가 스스로 집을 만들 수 없기에 이 군집 형성 과정을 '종속적 군체 형성(dependent colony foundation)'이라고 한다. 종속적 군체 형성, 특히 분열을 통해 군집을 확장하는 개미의 여왕개미는 결혼비행을 하지 않으므로 날개와 날개 근육이 퇴화했다. 이들은 일개미형 여왕개미(Ergatoid queen)라 불리며, 일반적인 여왕개미와 달리 가슴이 아주 작기에 이들 중 대부분이 일개미와 구분하기가 어렵다. 그러나 일개미형 여왕개미는 저정낭을 포함해 모든 생식기관을 갖춘 실질적인 여왕개미다.

일개미형 여왕개미를 가지는 개미들은 앞서 말한 것처럼 기존 군체에서 걸어 나와 새로운 군체를 확장하는 방식을 따르기에 필연적으로 날개 달린 개미들에 비해 멀리 퍼지기에 불리하다. 심지어 여러 장소에서 날아 오는 생식개미들과 교미하는 개미형 개미에 비해 유전적 다양성을 확보하기도 어렵다.

그럼에도 날개와 그것을 움직일 큰 근육을 유지하지 않기 때문에 보통의 여왕개미를 만드는 것에 비하면 진화적 비용이 적게 든다. 또한, 처음부터 혼자 군락을 만들어 나가는 방식보다는 생존율이 높다. 군대개미는 이 전략을 통해 열대우림에서 가장 무서운 포식자로 군림하게 되었다.

날지 않는 전략은 55개 이상의 개미속에서 보이는 광범위한 전략이다. 이외에도 결혼비행을 한 뒤 여왕개미가 원래 군체로 돌아와 다시 흡수되는 방식, 위성 군체(여왕개미가 없이 일개미로만 구성되는 개미집)에 여왕개미가 흡수되며 군체를 만드는 방식, 다른 개미 군체에 기생하는 방식 등 다양한 형태의 개미집을 만드는 방식이 존재한다.[4]

역할에
충실할수록
커지는 것

우리는 매일의 삶 속에서 각자의 자리에 머물며 제 몫을 해낸다. 어떤 이는 바쁜 도시의 일상 속에서 끊임없이 업무를 처리하며 사회의 경제를 움직이고, 또 다른 이는 가정을 돌보며 가족을 지탱하는 중요한 역할을 한다.

그뿐만이 아니다. 누군가는 이웃을 돕고, 자원봉사로 지역사회를 지원하며 보이지 않는 곳에서 공동체의 건강을 유지한다. 눈에 띄지 않더라도, 서로 얽히고설킨 관계 속에서 모두가 자신의 역할을 맡으며 큰 사회를 이루는 것이다. 이처럼 인간 사회는 그 누구도 혼자서 움직이지 않으며, 각자의 역할이 모여 커다란 톱니바퀴처럼 돌아간다. 개미 사회도 이와 다르지 않다. 여왕개미가 낳은 작은 알이 애벌

집 지을 곳을 찾아 나선 열대굽은배개미 여왕개미(*Stictoponera* sp.)

촬영지: 싱가포르

레로 변하는 순간, 개미 군락의 숨겨진 드라마가 시작된다.

개미의 애벌레들은 단순히 자라나는 존재가 아니다. 여왕개미가 낳은 알은 일주일에서 2주 내로 애벌레가 되어 꼬물거리기 시작한다. 개미의 애벌레는 영락없는 벌의 애벌레처럼 생겼다. 아직 작은 애벌레이지만 그들은 개미 군락에서 역할을 톡톡히 한다. 베짜기개미의 애벌레는 입에서 실크를 내뿜는데, 이 실크는 베짜기개미들이 나뭇잎을 이어 붙여 집을 만들 때 잎을 붙이는 접착제 역할을 한다. 드라큘라개미의 경우 영양 공급을 그들의 애벌레에 의존하기도 한다.

애벌레는 곧 번데기가 된다. 번데기도 개미집에서 아주 중요한 역할을 한다. 다니엘 크로나우어(Daniel Kronauer) 교수와 연구팀은 개미 번데기가 우화 전에 꽁무니에서 물을 내뿜는다는 사실을 발견했다. 이 물은 탈피과정에서 나오는 액체로 영양분이 아주 풍부하기 때문에 일개미와 애벌레는 번데기에서 나오는 이 물을 마신다. 이는 번데기에게도 좋은 일이다. 만약 이 물이 제거되지 않으면 번데기는 곰팡이 감염으로 죽는다. 번데기에서 나오는 물을 마신 애벌레가 그렇지 않은 애벌레보다 성장이 빨라 연구진들은 번데기에서 나오는 액체가 개미집에서 일종의 우유 역할을 한다고 표현했다.[5]

번데기는 종류에 따라 고치 껍데기를 만들기도 하고 그렇지 않기도 한다. 고치를 만드는 개미 무리라도 습도에 따라 고치를 까서 과습을 방지하기도 한다. 개미집에서 알, 애벌레, 번데기같이 성숙하지 않은 계급들도 저마다 정해진 역할을 수행한다는 것은 놀랍다. 각별한 관심 끝에 우여곡절 태어난 첫 번째 일개미는 대개 보통의 일개미보다 작고 약하다. 충분한 영양분이 공급되지 않았기 때문에 어쩔 수 없다. 그럼에도 다음에 태어날 둘째, 셋째, 수많은 자매를 위해 먹이 활동에 나선다.

그의 희생으로 인해 질 좋은 단백질을 포함한 영양분이 공급되기 시작한다. 안정된 여왕개미는 풍부한 영양 공급 아래에서 난소가 점점 더 발달하며 알을 낳는 개수 또한 증가하고, 군체의 성장 속도는 점점 더 빨라진다.

이렇게 만들어진 개미 군집은 얼마나 오랜 기간 살아 있을까? 인공 사육 환경에서 풀개미는 약 29년 동안 살아 있었으며, 야외에서 약 30년간 생존해 있다는 포고노머멕스 수확개미의 기록을 보았을 때 여왕개미는 종에 따라 다르겠지만 수십 년간 생존할 수 있는 것

번데기를 돌보고 있는 서브폴리타 불개미(*Formica subpolita*)

촬영지: 미국 포틀랜드

으로 보인다. 때론 결혼비행을 나갔던 공주개미가 여왕개미가 돼 원래 군체로 들어오며 첫 번째 여왕개미를 죽이더라도 군체는 계속 살아남을 수 있다.

일개미는 사실 여왕과 같은 암컷이다

한 번 만들어진 개미 군집은 계속해서 우화하는 일개미로 점차 북적거린다. 그들은 모두 암컷이며 후천적으로 불임이다. 일개미는 개미 사회를 이루는 핵심적인 계급이다. 일개미는 육아를 도맡고, 밖에 나가 사냥을 하거나 먹이를 수집하며 군집을 방어한다. 많은 종류의 개미가 각기 다른 노동에 적합하게 변형된 일개미를 가진다. 집을 지키고 사냥을 하는 대형 일개미(병정개미)와 집에서 거의 나가지 않고 알과 애벌레를 돌보는 소형 일개미는 전혀 다르게 생겼다. 때론 그들이 같은 종, 심지어 같은 가족이라는 것이 믿기 어려울 정도로 극단적인 생김새 차이가 나타나기도 한다. 왕개미나 혹개미, 약탈개미, 잎꾼개미, 그리고 군대개미의 병정개미가 대표적이다. 반면 일개미 사이의 형태가 많이 다르지 않은 개미들도 많은데, 이런 경우도 일개미의 나이나 영양의 축적 정도로 담당하는 업무가 달라지는 등 노동 분담이 이루어진다.

어떤 일개미들은 여왕개미가 없을 때 수컷과 짝짓기를 하고 나서 기능적인 여왕개미로 군림한다. 이렇게 원래는 일개미로 태어나며 형태가 일개미 같지만 수컷과 교미를 해서 여왕개미의 기능을 하는 계급을 번식일개미(Gamergate)라고 부른다.

번식일개미는 다이아캐마 침개미(*Diacamma*)의 사례에서 비교적 잘 연구돼 있다. 다이아캐마 침개미는 아시아의 열대 지방의 땅에 사는 개미다. 몸에 있는 선명한 문양 덕분에 이들을 알아보기란 어렵지 않다. 다이아캐마 침개미는 독특하게도 일반적인 생김새를 가진 여왕개미가 없다.

대신 수개미와 짝짓기한 일개미, 즉 번식일개미 한 마리가 생식을 독점적으로 담당한다.[6] 다이아캐마 일개미는 모두 가슴에 싹샘 (gemmae)이라고 불리는 부속지(유기체의 몸 밖으로 돌출되거나 연장된 몸의 일부)를 가지고 있다.[7] 이 싹샘은 민감한 화학 수용체를 잔뜩 가지고 있는 털로 덮여 있는데, 번식 욕구를 가지고 있는 일개미의 싹샘이 제

병정개미와 일개미 사이의 극단적인 형태 변이를 보여 주는
좋은 예인 아시아 약탈개미(*Carebara diversa*)

촬영지: 라오스

거되면 번식 욕구가 줄어든다.[8] 따라서 군집에 있는 유일한 여왕일
개미는 다른 일개미들의 싹샘을 입으로 씹어 번식 권한을 독점한다.

싹샘이 제거된 일개미들은 번식 욕구가 억제되고 동료를 돕게 된
다. 번식일개미 계급은 주로 원시적인 침개미류에서 많이 보이는데,
다이아캐마, 디노포네라(*Dinoponera*), 하페그노토스(*Harpegnathos*), 오프
탈모폰(*Ophthalmopone*), 스트레블로그나투스(*Streblognathus*)와 같은 침개
미는 아예 일반적인 여왕개미 계급이 없이 전적으로 번식일개미가
번식을 담당하는 것으로 보인다.

희생할수록
성벽은
견고해진다

개미들 사이에 계급이 정해져 있다는 것은 누구나 아는 사실일 것이다. 그렇다면 결혼비행을 하는 여왕개미부터 수개미, 일개미까지 겉으로 보기에는 똑같아 보이는 개미의 알에서 어떻게 여러 계급이 어떻게 결정되어 나오는 것일까? 꿀벌은 흔히 로얄젤리를 먹고 자란 애벌레가 여왕벌이 된다고 알려져 있다. 그렇다면 더 복잡한 계급 체계를 가진 개미는 어떨까?

개미의 계급은 유전적 요인과 환경적 요인(비유전적 요인)에 의해 결정된다. 특히 애벌레의 영양 상태, 온도, 동면 여부, 알의 크기, 여왕의 나이, 군락 내 계급의 존재 유무 등 환경적 요인이 큰 영향을 미친다.

극단적으로는 동료로부터 따돌림 당하면서 특정 업무에 최적화되는 경우도 있다. 예를 들어, 아타 세팔로테스 잎꾼개미 중 쓰레기를 처리하는 일을 맡은 일개미는 몸에 밴 쓰레기 냄새로 인해 동료들이 공격적으로 반응하게 되어 결국 그 업무만 전담하게 된다.[9]

여러 계급의 분화 중에서도, 생식 계급의 분화는 진사회성 생물이 지녀야 할 필수 요소 중 하나다. 20쪽에서 짧게 설명한 진사회성은 개미 사회를 이해하는 핵심 개념으로, 에드워드 윌슨은 저서 《새로운 창세기》에서 진사회성 집단을 '전문적인 역할을 맡은 개체들이 다른 개체에 비해 번식을 적게 하며, 높은 수준의 협력과 분업을 이루는 집단'이라고 설명했다. 즉, 진사회성 종은 이타성을 실천하는 종인 것이다.

여기서는 개미 사회의 주된 특징인 이 진사회성을 더 깊이 다루어 보겠다.

가족을 위해서라면 목숨도 아끼지 않는다

일개미는 후천적으로 불임이 되는 곤충이다. 개미의 진화를 이해하기 위해 이는 상당히 중요한 특징이다. 암컷인 일개미는 사실 알을 낳을 수 있다. 그러나 대부분 여왕개미가 방출하는 여왕물질이라는 강력한 생식 억제 페로몬 때문에 알을 낳지 않는다. 여왕물질의 영향 아래에서 벗어나면 일개미는 알을 낳을 수도 있으나, 그들은 보통 알을 낳지 않는다. 설사 소수의 일개미가 몰래 자신의 알을 낳았다 하더라도 자매에 의해 제거된다. 일개미는 자신의 알을 낳고 돌보는 대신, 여왕과 동료 일개미들을 도와 여왕개미가 알을 낳는 데 이바지하는 소위 이타적인 행동을 한다. 이들은 스스로의 목숨을 거는 일도 마다하지 않는다.

그들은 번식을 포기하고 온갖 위험이 도사리는 둥지 밖으로 나가 먹이 활동을 한다. 사막개미의 일종인 카타글리피스 바이컬러(Cataglyphis bicolor)는 먹이 활동을 하다가 죽는 비율이 너무 높아 그들이 실제로 더 오래 살 수 있음에도, 실질적인 기대 수명은 약 6일 밖에 되지 않는다.[10] 절명으로 유명한 하루살이도 최대 2주가량 생존할 수 있다는 점을 생각해 보면 다소 가혹해 보이는 삶이다.

군락 방어를 위해서는 더 적극적으로 목숨을 희생한다. 자폭개미는 독액과 함께 자폭하여 군집을 지키며, 수확개미 중 일부는 꿀벌과 같이 독침이 한번 발사되면 내장이 독침과 함께 몸 밖으로 빠져나와 침을 쏜 개미가 목숨을 잃는다.

《이기적 유전자》의 저자 리처드 도킨스(Richard Dawkins)이 강조했듯, 유전자는 이기적이며 후손에게 물려주기 위해 개체로 하여금 수단과 방법을 가리지 않게끔 한다. 이런 생물학적 이해에 따르면 자신의 번식 가능성을 희생해 다른 자매들과 여왕개미를 돕고 심지어 희생까지 하는 개미의 생존 방식은 오랫동안 자연선택되어 살아남기

협력하여 커다란 먹이를 옮기는 중인 개미의 모습

촬영지: 페루 이키토스

는 어려웠을 것 같다.

진사회성과 이타성이 어떻게 탄생했고 유지되는지에 대해서 간략히 알아보도록 하자.

왜 개미는 희생을 망설이지 않을까?

진사회성은 개미만이 가지는 특징은 아니다. 벌거숭이 두더지쥐, 포유동물들, 흰개미, 심지어 양치식물에서도 원시적인 형태의 진사회성을 볼 수 있다. 사회성 동물들은 서로 뭉침으로써 자연계의 여러 제약들을 극복해 낼 수 있게 됐다. 경쟁 대신 협력을 택한 진사회성 생물은 공통적으로 협력적인 육아, 집단 내에 동시에 존재하는 세대가 다른 성체, 생식 활동의 노동 분할 등과 같은 세 가지 특징을 가진다.

　기존의 지식으로는 영 이해하기 어려운 이타적인 개미를 설명하기 위해 많은 과학적 논의가 있었다. 현대에 가장 널리 받아들여지고 있는 가설은 친족선택(kin selection)과 다수준 자연선택(multi-level selection)이다. 영국의 천재적인 이론 생물학자 윌리엄 해밀턴 (William D. Hamilton)은 해밀턴 법칙을 통해 친족선택 가설을 수학적으로 풀어냈다. 그는 이타적 행위가 개체군 내에서 어떻게 유전적으로 퍼져 나갈 수 있는지를 포괄 적합도(inclusive fitness)라는 개념을 도입하며 성공적으로 설명해 냈다.

　다윈의 진화론에서는 개체가 개체 자신의 '적합도를 높이는 방향'으로 선택된다고 보았다. 해밀턴은 여기에 추가적으로 혈연자에게 미친 영향을 포함시켜 개체가 자신의 '포괄 적합도를 높이는 방향'으로 선택된다고 보았다. 개체 입장에서는 자신을 희생하는 소위 이타적으로 보이는 행동임에도 혈연자를 포함한 유전자의 관점에서는 포괄적합도는 올라갈 수 있고, 이에 따라 자연선택될 수 있다는 것이다. 친족선택 가설은 철저히 유전자 중심적인 이론으로, 해밀턴은 개미의 반수이배체(haplodiploidy) 유전 방식에 주목했다.

　이들의 유전 방식을 더 자세히 살펴보자. 조금 어려운 부분이다. 수많은 고등학생이 생명과학 고교 과정에서 유전 부분을 포기한다고 한다. 어릴 때 완두콩으로 뭘 그렇게 한다는 것인지 도대체 이해하기가 어려웠던 적이 있었다. 그러나 유전자를 후손에게 넘기는 것은 생명체에 있어 생물학적으로 가장 중요한 일이기에 알아야 할 필요가 있다.

다른 생물들과 다르게 개미를 비롯한 벌의 수컷은 반수체(n)이고 암컷은 이배체(2n) 염색체를 가진다. 반수체는 염색체가 한 개만 있는 상태를, 이배체는 각 염색체가 두 개씩 짝을 이루고 있는 상태를 의미한다.

이 시스템에서 수개미는 반수체이기에 어머니로부터 받은 단 하나의 염색체만을 가지고 있다. 반면 암컷 자손(일개미)은 어머니인 여왕개미와 아버지 수개미 양쪽에서 염색체 두 개를 받아 이배체를 형성한다.

염색체의 각 염색 분체는 두 개의 대립유전자를 가지고 있다. 배수체인 여왕개미는 A, B, C, D 네 개의 대립유전자를 가지게 되고 반수체 수개미는 E, F 두 개의 대립유전자를 가진다고 가정해 보자. 둘 사이에서 태어나는 일개미들의 염색체를 살펴보면, 그들의 염색체 두 개 중 절반은 아버지로부터 왔을 것이다. 아버지의 염색체는 반수체, 단 한 개이므로 모든 딸 일개미들은 아버지의 대립 유전자 E,F를 동일하게 물려받는다. 그리고 그들의 염색체 두 개 중 나머지 절반은 어머니인 여왕개미로부터 온다.

따라서 일개미들의 유전자는 어머니의 유전자 네 개 중 무작위로 두 개를 물려받아 AC, AD, BC, BD 중 하나가 될 것이다. 아버지와

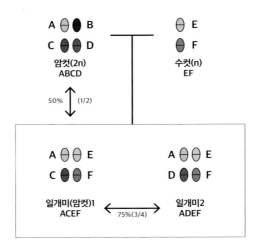

수정된 개미의 반수이배체 유전 시스템

어머니의 유전자들이 조합되면 자매 일개미들의 유전자는 ACEF, ADEF, BCEF, BDEF가 된다. 이들의 유전자는 아버지에서 온 유전자 E, F를 공통적으로 가지고 대부분의 조합에서 어머니에서 온 대립 유전자가 적어도 한 개 이상 겹쳐지는 모습을 보인다. 결과적으로 자매 일개미들끼리는 평균적으로 75퍼센트(3/4)의 유전자 연관율을 가진다.

　여기서 어머니의 유전자는 A, B, C, D이기 때문에 딸과 어머니, 또는 자매와 그들의 딸과의 유전자 연관도는 50퍼센트이다. 자매들끼리 공유하는 높은 유전자 연관율은 개미 사회의 구조와 행동에 큰 영향을 미친다. 일개미는 자신이 알을 낳아 키워 낸다고 해도 직계 자손과 50퍼센트의 유전적 연관율을 가진다.

반면 어머니를 도와 여왕개미가 알을 잘 낳게 하면, 여왕개미는 자신과 75퍼센트의 유전자 연관율을 가진 자매를 낳을 것이고 일개미 입장에서는 유전자를 후대에 남기기 유리하다. 결과적으로 개미의 이타적으로 보이는 행동은 사실 자신의 유전자를 더 효과적으로 전파하기 위한 전략으로 해석될 수 있다.

물론 모든 진사회성이 이런 반수이배체 유전 방식으로 설명될 수 없다. 최근의 연구는 반수이배체 유전 이외에도 상당히 복잡한 유전적 배경이 있을 것이라고 추측한다. 실제로 흰개미는 반수이배체 유전 시스템을 따르지 않지만 이들은 이미 놀라운 사회를 구축했으며, 반수이배체 유전 방식을 가지는 생물 중에서 사회성을 보이지 않는 종도 많기 때문이다. 그러나 이런 유전 방식은 적어도 개미의 사회성 진화, 이타적인 행동을 설명하는 데 중요한 축이 된다.

반면 다수준 자연선택 이론에서는 자연선택이 유전자, 개체 수준에만 작용하는 것이 아니라 유전자, 세포, 조직, 기관, 집단 등 생물학적 조직의 여러 단계에 동시에 적용될 수 있다고 본다. 이에 따라 개체 수준에서 불리하더라도 더 큰 조직(집단)에 유리하다면 그 행동이 자연선택될 수 있다고 설명한다.

예를 들어 보겠다. 이기적인 사람들로만 구성된 집단과 이타적인 사람들로 구성된 집단이 있다. 이기적인 사람들로 구성된 집단은 위험한 상황에서 얄밉게 혼자만 살아남고 남의 공을 가로채 남들보다 오래 살거나 단기적으로 많은 자원을 얻을 수 있을 것이다. 반면 이타적인 사람들로 구성된 집단은 서로 협력하고 자원을 공유해 집단 전체로 볼 때는 훨씬 더 건강해질 수 있다. 건강하고 튼튼한 이타적인 집단이 이기적인 집단에 비해 장기적으로 생존에 유리하고 자연 선택 될 수 있다는 것이다.

두 이론은 본질적으로 자연선택의 대상을 설정하는 데 있어서 다르기에 수많은 생물학자가 오랜 기간 동안 논쟁을 벌여온 이론들이지만, 상호 보완적인 성격을 띠고 있기도 하다. 진사회성의 진화는 비단 대립 유전자의 빈도 변화 이상의 거대한 변화를 불러일으켰고, 돌아갈 수 없는 비가역적이고 혁신적인 발걸음이었다. 개미는 진사회성이라는 강력한 생태적 비대칭 무기를 쥐고 성공적으로 지구 이곳저곳으로 뻗어 나갈 수 있었다.

4장

승자는
상황도, 조건도
탓하지
않는다

전략적인 개미들

뜨거운 사막에서 개미가 살아남는 법

전 세계가 비정상적인 고온 현상으로 고통받고 있다. 북아프리카에서 유입된 뜨거운 공기로 인해 작년에 유럽에서는 폭염으로만 약 7만 명이 사망했으며, 한국에서도 여름 기온이 40도를 넘는 것이 더 이상 놀랍지 않다. 원래도 덥기로 유명한 사막 지역은 상황이 더욱 심각하다. 이라크의 루크 사막은 현무암이 열을 흡수하는 지형적 특성 탓에 지표 온도가 80도까지 치솟아 관측 이래 가장 뜨거운 장소로 기록됐다.

사막이라고 하면 가장 먼저 떠오르는 아프리카 사하라 사막도 여름철 낮에는 50도까지 오르고 밤에는 영하로 떨어지는 극단적인 환경을 자랑한다. 영화 〈매드 맥스: 분노의 도로〉에 나오는 것처럼 뜨거운 모래먼지가 날리고, 모든 것을 태워버릴 듯한 그곳에서 한낮에 살아 있는 생물을 마주할 것이라고는 상상하기 어렵다.

그러나 반대로 생각해 보면 그런 혹독한 환경에 적응한 생물에게 는 먹이 경쟁자나 포식자가 거의 없을 것이다. 그래서 아무리 척박한 사막이라도 조용히 귀를 기울여 보면 모래 위를 분주하게 돌아다니는 생물들의 숨결을 느낄 수 있다. 이처럼 극단적인 틈새시장을 노린 개미들은 전 세계의 사막으로 뻗어 나갔다.

사막에 적응한 개미들은 모두 고온에 적응하기 위해 생리적, 생태적, 형태적 혁신을 이뤄 냈는데, 이를 '열 적응 증후군(thermophilia syndrome)'이라고 부른다. 이는 여러 생명의 가지에 걸쳐 있는 사막개미에서 보이는 공통적인 생물학적 현상이다.

사막개미를 주로 연구한 독일의 개미학자 뤼디거 베너(Rüdiger Wehner) 박사는 각 지역을 대표하는 사막에는 각각 한 속의 개미들이 평행 진화로 번성해 있다는 가설을 제시했다.[1] 북아프리카와 남부 유럽의 카타글리피스 사막개미(Cataglyphis), 사하라 이남 아프리카의 오시머멕스(Ocymyrmex), 호주 사막의 멜로포러스(Melophorus), 남미의 도리머멕스(Dorymyrmex)가 그 예다.[2]

카타글리피스 사막개미는 사하라 북부, 남유럽 지중해 연안, 아시아의 사막 등 건조한 초원과 사막에서 발견되며, 뜨겁고 건조한 환경에서 살아남기 위해 다양한 전략을 발전시켰다. 가장 눈에 띄는 특징은 길쭉한 다리와 잔뜩 치켜세운 배다. 이 개미들은 뜨거운 지표면에

뜨겁고 건조한 환경에 살아남도록 적응한
카타글리피스 사막개미(*Cataglyphis nodus*)

촬영지: 그리스 코르푸

서 몸을 조금이라도 떨어뜨려 지표열의 영향을 덜 받게끔 적응했다.

사막에서 먹이를 찾으려면 빠르게 돌아다니며 햇빛에 노출되는 시간을 최대한 줄여야 하는데, 이때 긴 다리가 큰 도움이 된다. 실제로 이 개미들은 매우 빠르게 움직여 때로는 날아다니는 어떤 곤충의 그림자로 착각될 정도이다.

카타글리피스 사막개미의 일종인 사하라은개미(*Cataglyphis bombycina*)는 알려진 모든 개미 중에서도 가장 빠르게 달릴 수 있는데, 사람으로 치면 무려 시속 720킬로미터에 달하는 속도를 자랑한다. 치켜세운 배는 빠르게 달리며 방향을 전환할 때 무게 중심을 회전 중심축으로 이동시켜 보다 원활한 움직임을 가능하게 한다.[3]

모로코 지역의 사하라 사막에 사는 사하라은개미는 종 수준에서 한층 더 강력한 더위 대응책을 개발했다. 사하라은개미는 이름처럼

아프리카 사하라 이남 지역에 사는 오시머멕스 사막개미(*Ocymyrmex*)

촬영지: 케냐

온몸이 은빛으로 빛나는데, 이는 이들의 몸에 있는 삼각형 털 때문이다. 이 털은 태양열을 반사하고 복사열을 효율적으로 방출해 체온을 낮게 유지해 준다.[4] 이 원리는 에너지를 투입하지 않고도 도심의 열섬 현상을 줄이는 수동복사냉각 기술에 응용되고 있다.[5]

사막의 초고온은 형태적 혁신만으로는 생존하기 어려운 조건일 수 있다. 사람이 고온에서 쓰러지는 이유 중 하나는 체온이 40도를 넘어서면 단백질이 변성되며 기능을 하지 못하기 때문이다. 그렇다면 사막개미는 어떻게 이런 극한의 열을 견딜 수 있을까?

그 비밀은 바로 카다글리피스 사막개미가 합성하는 열충격 내성 단백질(heat shock proteins, HSPs)에 있다. 개미가 둥지에서 떠난 직후에 이들의 체온은 급격히 오르는데, 이 단백질은 그 순간을 버티게 해 준다. 이와 같이 사하라은개미는 여러 전략을 사용함으로써 최대

53.6도의 체온까지 견딜 수 있게 된다.[6]

개미는 사실 적분 천재다

사막개미들은 겪는 제약이 더 있다. 개미들은 대부분 냄새를 통해 의사소통을 한다. 그러나 뜨겁고 건조한 사막에서는 페로몬이 빠르게 증발하기에 냄새의 확산이나 냄새 길 남기기는 효율적인 방법이 아니다. 이런 제약을 극복하기 위해 카타글리피스 사막개미는 시각, 자기장, 경로 적분 등을 통한 거리 계산을 통합해 학습한 뒤 둥지를 찾아낸다. 이들의 놀랍도록 복잡한 길 찾기 방법은 생물 진화가 유기체의 능력을 어디까지 발달시킬 수 있는지 보여 준다.

사막개미는 '학습 걷기'라는 과정을 통해 정교한 길 찾기 능력을 개발해냈다. 이 과정에서 개미는 두 가지 주요 행동 패턴을 보이는데 이는 '볼트(voltes)'와 '피루에트(pirouettes)' 과정으로 나뉜다.

첫째, 개미는 볼트라는 360도 회전을 통해 하늘의 편광(전자기파가 진행할 때 파를 구성하는 전기장이나 자기장이 특정한 방향으로 진동하는 현상) 패턴과 태양 위치 등 천체 나침반 정보를 수집하고 이를 지자기장을 기준으로 보정한다.

둘째, 피루에트라는 제자리 회전을 수행하는데, 이때 개미는 여러 번 멈추어 서서 주변을 관찰하며, 특히 가장 길게 멈추는 순간에는 정확히 둥지 입구를 향해 시선을 고정한다. 이를 통해 개미는 둥지 주변의 시각적 전경을 여러 각도에서 기억하고 경로 통합 능력을 발달시킨다. 이러한 학습 걷기는 보통 이틀에서 사흘간 지속되며, 이 기간 동안 개미의 뇌에서는 시각 경로와 관련된 신경 가소성(경험을 통해 신경계의 기능적, 구조적 변형이 일어나는 현상)이 현저하게 증가한다. 즉, 시각과 운동을 통해 경로를 학습하는 것이다. 결과적으로 이들은 복잡하고 변화무쌍한 사막 환경에서도 효과적으로 먹이를 찾고 둥지로 돌아올 수 있는 뛰어난 내비게이션 능력을 갖추게 된다.[7]

사막개미는 정교한 경로 적분 시스템을 통해 극한의 사막 환경에서 탁월한 내비게이션 능력을 발휘한다. 학창 시절 수많은 수포자를 양산한 적분을 개미가 해낸다니 놀랍지 않은가? 이 시스템은 개미가 이동한 모든 거리와 방향을 지속해서 계산하여 현재 위치에서 둥지까지의 벡터를 실시간으로 유지한다. 방향 정보는 주로 태양 위치와 하늘의 편광 패턴을 이용한 천체 나침반에 의존하고, 거리 측정은 보폭 적분과 광학 흐름 인식을 통해 이루어진다. 사막개미가 방향을 잡기 위해 자기장에 의존한다는 사실은 실험을 통해 명확히 증명됐다.[8]

이 모든 정보는 개미의 뇌에 있는 중앙 복합체에서 처리되고 통합된다. 경로 적분의 누적 오차를 최소화하기 위해 개미는 학습 걷기 단계에서 지구 자기장을 초기 참조점으로 사용하고, 시간이 지나 경험이 쌓이면서 시각적 랜드마크 정보를 통해 시스템을 지속적으로 보정한다.[9,10] 이러한 복합적인 메커니즘을 통해 카타글리피스 사막개미는 먹이를 찾아 수백 미터 떨어진 곳까지 이동한 뒤에도 최단 경로로 정확하게 둥지로 돌아올 수 있다. 이 시스템은 새로운 먹이 장소의 위치를 기억하는 데에도 활용되며, 개미 군집의 생존에 핵심적인 역할을 한다. 사람은 적분을 못하거나 기억을 잘 하지 못해도 죽지는 않지만, 이들에게는 생존에 필수적인 능력이다.

고든 램지도 감탄한 맛, 꿀단지개미

영국의 유명 요리사 고든 램지는 음식을 거침없이 호평하는 것으로 유명하다. 식재료에 민감한 그가 만족감을 표현한 달콤한 개미가 있는데, 바로 꿀단지개미다. 그는 멕시코 꿀단지개미를 맛본 뒤 마치 달콤한 꿀맛 사이다 식초처럼 느껴진다며 감탄했다.

꿀단지개미는 미대륙의 머메코시스투스(*Myrmecocystus*), 호주와 아프리카의 건조 지대에 사는 일부 왕개미속, 거미개미(*Leptomyrmex*), 잘록 개미 가운데 일개미의 배를 거대한 저장 창고로 사용하는 종을 말한다. 사막에서는 먹이가 부족하기에 이들은 먹이가 비교적 풍부할 때 배에 저장한다. 보통 몸집이 커다란 일개미가 스스로 생체 먹이 창고가 되는 희생을 감수하며 동료들의 생존을 돕는다.

꿀단지개미는 배 마디가 아주 얇고 잘 늘어나는 막으로 연결돼 있어 최대 스무 배 가까이 팽창할 수 있다. 이 생체 보관함에 먹이를

뱃속에 달콤한 액체를 가득 저장한 꿀단지개미(*Myrmecocystus testaceus*)

촬영지: 미국 밴드

꾸역꾸역 채워 보관했다가, 동료가 먹이를 원할 때 영양 교환을 통해 게워 내어 준다. 태어났더니 동료를 위한 식량 창고로서 살아가야 하는 운명인 것이다. 그러나 이는 건조한 환경에서 먹이의 제약을 극복하는 그들만의 생존 전략이다.

다만, 꿀단지개미의 배에 있는 액체는 우리가 아는 꿀과는 다르다. 이들은 꽃의 꿀뿐만 아니라 죽은 곤충이나 공생 곤충에서 나오는 단물도 섭취하기에 그들의 뱃속에는 물과 곤충의 체액이 다량 들어 있다. 그러나 이 액체에는 단당류가 풍부해 달콤한 맛을 내기 때문에 사람이 먹을 수 있다.

과거 미국 서부 사막에 갔을 때 꿀단지개미를 맛볼 기회가 있었다. 이들의 집을 약 40센티미터 정도 파니, 알사탕처럼 동글동글하고 반짝이는 꿀단지개미들이 주렁주렁 나왔다. 그 모습은 신기함보다는 당황스러움을 먼저 안겨 줬다. 배가 너무 크고 무거워 잘 걷지 못하는 꿀단지개미를 손에 올려놓자, 그 즉시 굴러떨어지면서 배가 터져 버렸다. 당황스러운 첫 만남이었지만 사막 한복판에서 맛본 달달한 맛은 잊을 수 없는 별미였다.

호주 원주민은 꿀단지개미의 꿀을 식용이나 약용으로 사용한다. 호주에 사는 꿀단지개미의 꿀물은 실제로 몇몇 박테리아에 대한 항균 작용이 있어 약효가 있는 것으로 알려져 있다.[11]

개미 세계에는
드라큘라가
실존한다

아일랜드의 작가 브램 스토커의 소설 《드라큘라》의 주인공인 드라큘라 백작은 피를 빨아먹는 캐릭터다. 이 드라큘라처럼 개미 중에서도 다른 생물의 피를 빨아먹는 존재가 있다. 자기 자식의 피를 빨아먹는 섬뜩한 생활사를 가진 드라큘라개미가 그 주인공이다.

드라큘라개미는 톱니침개미아과(Amblyoponinae)에 속하는 개미를 묶어 부르는 말이다. 톱니침개미는 주로 땅속에 사는 원시적인 개미 무리로, 긴 톱날과 같은 턱을 지녔으며 주로 지네를 사냥한다. 이들은 다른 개미에 비해 알을 적게 낳기 때문에 보통 군집이 작은 편이다.[12]

가족이 비교적 적은 수로 이루어졌기에 자신들의 애벌레를 더 애지중지 키울 것이라고 생각할 수도 있겠다. 그러나 충격적이게도 톱니침개미 성충은 그들의 애벌레에게 톱처럼 생긴 큰턱을 찔러 넣은 뒤 흘러나오는 피를 빨아먹는다. 애벌레가 죽으면 군락이 생존할 수 없기에, 이 매정한 어미들은 죽지 않을 정도로만 애벌레의 몸에 구멍을 내고 피를 빨아먹으며, 다행히 애벌레의 상처는 빠르게 회복된다.

자기 자식의 피를 빨아먹는다니, 이게 무슨 말도 안 되는 이야기인가 싶을 것이다. 놀랍게도 개미 세계에서는 종종 볼 수 있는 현상이다. 이런 생태적 습성을 유충 혈림프 섭식(larval hemolymph feeding)이라고 부르며, 일본의 개미 연구자 케이치 마스코(Keiichi Masuko) 교수는 이와 관련된 중요한 사실을 발견했다. 유충 혈림프 섭식을 하는 개미들, 특히 드라큘라개미는 주로 지네를 전문적으로 사냥하는 포식자로, 한국, 일본 등 아시아에 사는 톱니침개미 먹이 중 무려 80퍼센트가 지네로 이루어져 있다.[13]

자식의 피를 빨아먹는 이들의 엽기적인 행위는 사실 커다란 먹이를 장기간 효율적으로 저장하는 생태적 전략일 수 있다. 지네를 주로 먹는 드라큘라개미는 사냥에 실패하면 오랜 시간 굶어야 할 수도 있기 때문에, 그들의 애벌레를 일종의 먹이 창고로 사용하는 것이다.

그러나 이 추측만으로는 무언가 석연치 않은 점이 있다. 유충의 피를 먹는 이런 충격적인 습성은 톱니침개미 종류 외에도 지네잡이개미, 배굽은침개미 등 다른 개미 계통에서도 발견된다. 배굽은침개미나 기타 침개미 무리 또한 유충 혈림프 섭식을 하지만 이들은 지네를 먹지 않는다. 따라서 드라큘라개미의 흡혈 행위는 단순히 먹이

애벌레를 옮기고 있는 톱니침개미

촬영지: 라오스

의 종류와만 관련이 있는 것은 아니라는 사실을 알 수 있다.

인간의 시각에서 개미를 판단할 수 없는 이유

우리가 흔히 마주하는 대부분의 개미는 빵 부스러기나 메뚜기 뒷다리 같은 먹이를 집으로 가져가 애벌레에게 준다. 그러면 애벌레는 조그만 큰턱으로 먹이를 잘게 씹어 액체와 가깝게 만들고, 이 액상 먹이를 영양 교환을 통해 동료에게 주는 방식으로 군집 전체에 전달한다(64쪽 참고). 하지만 유충 혈림프 섭식을 하는 개미들은 대부분 원시적인 개미 무리로 영양 교환을 하지 못한다. 영양 교환을 통해 먹

유충 혈림프 섭식을 하지만 지네가 아닌 거미알을 사냥하는
달마배굽은침개미(*Discothyrea sauteri*)

촬영지: 일본 오키나와

이를 전달 받을 수 없는 배고픈 상황에서 성충 개미들은 눈앞에 있는 애벌레를 찔러 흘러나오는 혈림프를 마시기로 했다.

심지어 지네잡이개미같은 몇몇 개미의 애벌레는 몸에 혈림프가 나오는 수도꼭지를 만들어 내 상처를 입지 않고도 혈림프를 어미에게 준다. 마스코 교수는 아마도 영양 교환을 하지 못하는 원시적인 영양 확산 구조가 이와 같은 독특한 생태를 만들었을 것이라 추측했다.

이 생태적 행동은 애벌레 입장에서도 의외의 이점이 있을 수 있다. 애벌레의 몸에 남는 잉여 혈림프는 때로 감염을 유발할 수 있는데, 성충이 이를 제거해 줌으로써 감염 위험이 줄어드는 것이다. 우리 시각에서는 끔찍하게 보일 수 있지만, 이를 오래된 피를 빼내는 정도로 생각하면 조금은 이해하기 쉬울지도 모른다.

자연이 선택한
경이로운
턱

영국의 동물생물학자 리처드 도킨슨은 자연선택을 두고 '눈 먼 시계공'이라 표현했다. 앞을 보지 못하고, 결과를 계획하지 않으며, 목적이 없다는 것이 눈 먼 시계공의 모습과 유사했기 때문이다. 그러나 자연선택이 낳은 결과는 "장인이 만든 것과 같이 디자인의 외관, 계획의 환상 등을 통해 우리를 압도적으로 감동시키고 깊은 인상을 남긴다"라고 이야기했다.

자연선택은 때론 놀랍도록 정교한 기능적 및 형태학적 혁신을 만들어 낸다. 그런 놀라운 디자인들은 너무나 복잡한 나머지 도무지 자연스럽게 진화했다고 믿어지기 어려워, 과거에는 생물이 창조자에 의해 디자인됐다고 주장하는 근거가 되기도 했었다(물론 '환원 불가

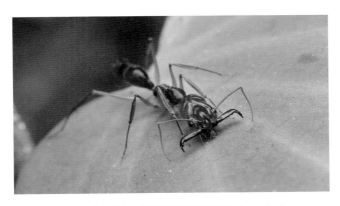

벌어진 턱과 감각모가 특징인 큰덫개미(*Odontomachus*)

촬영지: 인도네시아 수마트라

능한 복잡성'은 여러 세대에 걸쳐 많은 진화생물학자들에 의해 처참히 반박당했다).

걸쇠-스프링 메커니즘(latch mediated spring actuation, LaMSA)은 생물에게서 발견되는 놀라운 기능형태적 혁신 중 하나다. 거대한 근육으로 힘을 응축했다가 걸쇠에 건 뒤 순간적으로 그것을 풀어버리며 매우 빠른 움직임을 만들어낸다. 마치 화살을 발사하듯이 말이다. 이런 메커니즘은 개구리, 카멜레온, 맨티스쉬림프, 방아벌레 등 생명의 나무 전체에 걸쳐서 나타나며, 개미도 역시 예외가 아니다. 덫개미라고 불리는 개미들은 환상적인 전략을 큰턱에 적용했다.

그중에서 가장 잘 알려진 개미는 아마도 대왕덫개미(*Odontomachus*)다. 이들은 먹이 활동을 할 때 큰턱을 활짝 벌리며 큰턱 기부에 있는 돌기를 아랫입술 부근의 홈에 걸치며 장전을 한다. 먹이가 감각모에 닿으면, 큰턱의 돌기가 홈에서 빠지면서 순간적으로 매우 빠르게 닫

가장 작은 덫개미인 비늘개미

촬영지: 싱가포르

한다. 이런 복잡한 큰턱 움직임 메커니즘은 여러 개미 계통에서 최소 네 번 정도 독립적으로 진화한 것으로 보이는 개미 세계에서는 나름 널리 퍼진 사냥 전략이다.

오키나와과학기술원의 에반 이코노모(Evan Economo) 교수와 연구팀은 덫개미의 진화를 오랜 기간에 걸쳐 연구했고, 짧은 턱을 가지고 있던 비늘개미 조상들의 미묘한 형태적 변이에서 얻어진 '기능'이 턱 구조의 다양한 '형태적 혁신'을 초래했다는 결론을 냈다.[14]

신중에 신중을 기울이는 먹이 사냥꾼

우리나라에도 비늘개미라는 덫개미가 산다. 필자가 제주도에서 처음으로 발견해 이름을 붙인 민머리톱니비늘개미(*Strumigenys calvus*)가

바로 이 비늘개미 무리에 속해서 더 정이 간다.

비늘개미속은 알려진 모든 종이 걸쇠-스프링 메커니즘을 사용해서 사냥을 하는 멋진 사냥꾼이다. 그러나 땅속에 살고 너무 크기가 작기 때문에 그들이 얼마나 멋진 개미인지 알기 어렵다.

원시형인 짧은 큰턱에서 얻은 걸쇠 스프링 메커니즘은 형태적인 다양성을 초래했고, 그들의 큰턱은 짧은 족집게 모양부터 매우 긴 집게모양까지 놀라운 형태적인 다양성을 자랑하게 됐다.

비늘개미는 톡토기를 전문적으로 사냥한다. 톡토기는 위협을 받으면 순식간에 점프를 해서 도망가기에 비늘개미는 매우 신중하게 사냥해야 한다. 두 번의 기회는 없다. 비늘개미는 먹이를 감지하면 턱을 활짝 벌리고 먹이에 천천히 접근한다.

앞에서 말한 것처럼 턱 사이에는 한 쌍의 긴 감각모가 있고, 이 감각모가 먹이에 닿으면 반사적으로 턱을 닫아 순식간에 사냥한다. 톡토기 사냥에 성공하면 즉시 독침으로 독액을 주입해 제압한다. 일부 비늘개미는 톡토기를 불러 모으기 위해 페로몬을 사용하는 것으로 추측되지만,[15] 실험으로 증명되지는 않았다.

공포의 군대,
죽음의
행렬

"그들이 움직일 때마다 모든 동물들이 소란해지고, 모든 생
  명체가 그들을 피해 달아나려 한다."

떼를 지어 행군하는 군대개미를 보며 영국의 탐험가이자 박물학
자인 헨리 베이츠가 남긴 말이다.

셀 수 없이 많은 성난 개미가 큰턱으로 위협하며 줄지어 움직이는
모습은 영화나 문학작품에 자주 등장하는 소재다. 2008년 개봉한 영
화 〈인디아나 존스: 크리스탈 해골의 왕국〉에서는 인디아나 존스를
쫓던 소련 요원들이 성전을 지키는 군대개미들에게 포위돼 죽는 장
면이 나오는데, 이 장면은 사람들의 기억 속에 제법 인상 깊게 남아

있다. 독일 작가 칼 스티븐슨의 단편 소설 〈라이닝겐 대 개미 떼〉는 군대개미의 공격으로부터 맞서 싸워 겨우 살아나는 이야기가 주제이며, 그 뒤로 영화 〈네이키드 정글〉 등 여러 매체에서 군대개미의 포악함을 그렸다. 군대개미의 압도적인 습격 장면은 군대개미를 공포의 대상 또는 숭배의 대상으로 만들었다.

군대개미는 약 7천만 년 전에서 1억 년 전에 지구상에 등장했으며, 등장 초기에 열대지방을 중심으로 제법 빠르게 퍼진 것으로 추정된다.[16]

군대개미아과에 속하는 개미들이 모두 군대같이 행군을 하는 것은 아니다. 군대개미아과 중 약 200종이 '진정한 군대개미'에 속하는데 그들은 아에닉투스(*Aenictus*), 아에닉토지톤(*Aenictogiton*), 켈리오머멕스(*Cheliomyrmex*), 도릴루스(*Dorylus*), 에키톤(*Eciton*), 라비두스(*Labidus*), 네이바머멕스(*Neivamyrmex*), 노마머멕스(*Nomamyrmex*)다.[17]

이들은 압도적인 규모의 무리를 지어 숲 바닥을 휩쓸며 마주치는 모든 것을 잡아먹는 죽음의 행렬을 이룬다. 군대개미들은 집단 습격, 고정된 집이 없는 유목생활, 군체 재배치, 특별하게 변형된 여왕 등의 공통적인 특징을 가지는데, 이를 '군대개미 증후군(The army ant syndrome)'이라고 한다.

가장 보통의 개미를 생각할때 자주 등장하는 곰개미는 우리나라 공원에서 쉽게 볼 수 있는 꽤 크고 빠르게 걸어다니는 개미다. 정말 흔한 개미라서 당장이라도 집 밖으로 나가면 바로 찾을 수 있다. 곰

사슴벌레 같은 병정개미의 큰턱이 인상적인
아프리카 군대개미(*Dorylus nigricans*)

촬영지: 케냐

개미는 제법 큰 군집을 만든다. 이들 집을 잘못해서 밟기라도 하면 끝도 없이 몰려드는 곰개미 일개미들에 놀랄 텐데, 이들은 최대 약 1만 6천 마리의 일개미를 가진다고 알려졌다.[18]

하지만 군대개미에 비할 바는 되지 않는다. 아프리카 군대개미의 집은 무려 약 1백만에서 약 2천만 마리의 일개미로 구성되는 것으로 추정되며, 남아메리카 군대개미(이하 남미 군대개미)는 종에 따라 10만~70만 마리 정도의 일개미로 구성된다.[19]

이 같은 엄청난 규모의 집을 유지하기 위해선 그만큼 여왕개미가 알을 낳을 수 있는 능력이 뒷받침돼야 한다. 여왕개미는 수개미와 짝짓기를 하고 정자를 정자주머니에 저장했다가 평생을 사용한다고 했는데, 이들 군대개미 여왕개미는 날개가 없다.

따라서 마치 꿀벌의 분봉처럼 몇몇 일개미들을 데리고 원래의 어미 군체에서 떨어져 나오는 분열 방식으로 세력을 늘린다. 아프리카 군대개미의 여왕개미는 수십 번의 교미를 통해 최대 8억 8천만 개의 정자를 저정낭에 저장할 수 있다.[20] 이들의 여왕개미는 한 달에 약 3백만에서 4백만 개의 알을 낳으며 평생 총 2억 5천만 개가 넘는 알을 생산할 수 있는 것으로 밝혀졌다.[21,22]

이런 어마어마한 산란을 위해 이들의 여왕개미는 스스로 걸어 다닐 수 없을 만큼 엄청나게 늘어난 복부를 가지고 있는데, 이를 '초거대여왕(Dichthadiigyne)'이라고 부른다.

숲을 집어삼키며 행진하는 무자비한 개미 군단

중앙아메리카나 남아메리카의 울창한 숲속에서는 개미 매니아가 아니더라도 남미 군대개미(Eciton)를 어렵지 않게 찾을 수 있을 것이다. 맞닥뜨린다는 표현이 더 적절할지 모르겠다. 숲속을 조금만 걷다 보면 불규칙적으로 낙엽이 바스락거리는 소리, 개미새의 지저귀는 소리, 놀란 도마뱀이나 개구리가 점프하는 소리, 기생파리들의 날아다니는 소리가 합쳐지며 무슨 일이 일어나고 있다는 생각이 들 것이다. 개미 군단은 무장한 군인들이 군화소리를 내며 행진하듯, 압도적인 행렬을 이루며 숲 바닥을 훑으며 이동한다.

남미 군대개미는 멕시코 남부부터 브라질, 페루까지 남아메리카 대

남아메리카에 서식하는 하마튬 군대개미(*Eciton hamatum*)의 병정개미

촬영지: 페루

류 전체에 퍼져 살고 있으며, 이들의 경이롭고 압도적인 생활사는 아마도 수많은 개미학자가 개미를 연구하게 된 동기가 됐을 것이다. 앞서 말한 것처럼 이들은 땅속에 일정한 집을 짓지 않는다. 대신 남미 군대개미는 그들 동료끼리 다리를 붙잡아 연결하고 서로 뭉쳐서 '비보악(Bivouac)'이라고 부르는 거대한 텐트 형태의 임시 거처를 만든다.

이런 거대한 생체 돔을 유지하기에는 아무래도 지지대가 있어야 좋기에, 속이 비어있는 커다란 통나무나 큰 나무 사이 공간에 비보악을 짓는 것을 선호한다. 보통 나이가 많은 일개미들은 비보악의 바깥쪽, 나이가 어린 일개미들은 비보악의 안쪽을 구성한다. 게임 〈스타크래프트〉의 '울트라리스크'를 연상시키는 거대한 낫 모양의 큰턱으로 무장한 병정개미가 둥지를 방어하며, 비보악의 중심에는 초거대여왕, 군대개미의 여왕개미가 있다.

거의 모든 군대개미는 2~3주 정도를 같은 장소에서 머물며 번데기를 돌보고 알을 낳는 데 집중하는 '정지기', 매일 머무는 장소를 이동하며 먹이 활동을 하고 주로 애벌레를 키워내는 '이동기' 두 종류의 생활사를 가진다. 이동기 때는 애벌레를 키워야 하기 때문에 습격이 훨씬 더 자주 일어나고 공격적이지만, 정지기에는 매일 습격이 이뤄지지는 않는다. 남미 군대개미의 대표격인 버첼리 군대개미(Eciton burchellii)는 보통 20일의 정지기, 14일간의 이동기를 가지는데, 애벌레의 발달 정도에 따라 이동기에서 정지기, 정지기에서 이동기로 끊임없이 순환된다.

이동기의 남미 군대개미는 하루에 약 100미터가량 숲 바닥을 휩쓸며 먹이 활동을 한다. 군대개미의 행렬은 처음에는 비보악으로부터 특별한 방향이 없이 방사형으로 뻗어 나와 100~200미터 정도 되는 행렬을 이루는데, 습격이 진행될 때 행렬의 너비는 최대 20미터 정도 된다.

보통 습격을 나가는 개미는 행렬의 바깥 쪽, 먹이를 들고 비보악으로 향하는 개미들은 행렬의 안쪽 경로로 이동한다. 진행 방향에 각종 장애물이 있어 이동이 어려우면 일개미들이 서로 뭉쳐 '개미 다리'를 만들고 동료들이 원활하게 지나갈 수 있게끔 한다.

이런 대규모의 군대개미 행렬이 휩쓸고 지나가면 남는 것이 없다. 그들의 행진은 작은 절지동물들에게는 모든 것을 집어삼키는 쓰나

하루에 약 50만 마리의 동물을 잡아먹는 버쳴리 군대개미

촬영지: 페루

미와 같을 것이다.

버쳴리 군대개미는 하루에 무려 50만 마리의 동물들을 잡아먹는데 다른 절지동물 심지어 뱀, 도마뱀, 새끼 새 등 척추동물을 사냥하기도 한다. 군대개미가 휩쓸고 지나갈 때 숲 바닥에 숨어 있는 수많은 생물이 대피하기 위해 급하게 뛰어 나온다.

개미새라고 불리는 여러 종류의 새들은 군대개미 행렬을 따라다니며 도망가는 절지동물들을 손쉽게 잡아먹는데, 한 개미 행렬에서 최대 수십 마리의 개미새가 발견되기도 한다.

아프리카부터 아시아까지 군대개미의 세계

군대개미를 보러 아프리카 케냐에 갔을 때의 일이다. 군대개미는 케냐 현지어, 스와힐리어로 시아푸(Siafu)라고 한다. 현지인들에게 시아푸를 본 적 있냐고 수소문하며 다닐 때, 현지인들이 이를 독특하게 보았던 기억이 남아 있다. 어디 아시아에서 혼자 왔다는 사람이 사자, 코끼리, 표범와 같은 동물이 아니라 개미를 찾는다고 하니 그들 입장에서는 신기했던 듯하다. 현지인들의 도움 덕분에 생각보다 쉽게 찾을 수 있었다. 아프리카 군대개미(Dorylus)는 행렬의 크기 면에서 남미의 군대개미를 압도한다.

남미 군대개미와 다르게 아프리카 군대개미는 집을 땅속에 짓는다. 이들은 일정한 장소에 정착해서 살지 않고 옮겨 다니기 때문에 개미집 구조가 비교적 단순하지만, 정착한 지 단 일주일만에 20킬로그램의 토양을 파낼 정도로 군집은 거대하다. 앞서 얘기했듯, 이들의 거대여왕개미는 배가 너무 무거워서 혼자 걸을 수 없다. 게다가 다리의 마지막 마디, 부절이 없어서 일개미들의 도움을 받아서 움직인다.

다른 개미를 주로 먹이로 삼는 남미 군대개미와 달리 아프리카 군대개미의 사냥 전략은 지하 사냥, 낙엽층 사냥, 표면 사냥 세 가지로 나눌 수 있다. 땅속에서 사냥하는 아프리카 군대개미들은 땅 표면 밖으로 거의 나오지 않으며 개중에는 식물성 먹이를 주로 먹는 종도

찻길을 가로질러 행군하는 아프리카 군대개미(*Dorylus nigricans*)

촬영지: 케냐

있다.

　예전에 오키나와과학기술원에서 근무했을 때 실험실 사람들과 하이킹하다가 군대개미의 행렬을 봤던 기억이 있다. 깊은 열대우림에서나 볼 수 있을 것 같았던 군대개미 행렬을 옆 나라 일본에서 볼 수 있을지 몰랐다. 개미를 연구하는 사람들 아니랄까 봐 옹기종기 모여들어 군대개미 행렬을 관찰했다. 자연과학자와의 등산은 오래 걸리기 마련인데, 마치 한 걸음 한 걸음마다 새로운 포켓몬들이 나오는 곳에서 포켓몬 매니아가 빠르게 걸어 다니기는 어려운 이유와 같다. 하이킹은 처음에 세 시간으로 예정되었으나, 결국 반나절이 지나서야 끝났다.

　아시아에도 군대개미가 있다(물론 아프리카 군대개미도 소수지만 아시아까

먹이를 옮기는 아에닉투스 군대개미(*Aenictus*)

지 분포하긴 한다). 아에닉투스 군대개미는 일본 남부부터 동남아시아, 인도, 호주, 아프리카까지 사는 군대개미인데 과거 아시아에서 기원해 아프리카와 호주로 퍼졌다고 알려져 있다.

앞서 살펴보았던 남미 군대개미나 아프리카 군대개미보다는 몸 크기가 작고 거대한 병정개미가 없어서 상대적으로 존재감이 적은 편이지만 넓은 분포만큼 하위 종들이 무려 약 220종이나 돼서 군대 개미 중에서는 종수가 가장 많다.[23] 여기저기 들쑤시고 다니는 군대 개미의 생태를 고려했을 때 군대개미는 비교적 잘 연구된 편이지만, 아에닉투스 군대개미는 여전히 동남아 정글에서 신종들이 쏟아지고 있기에 분류학자들의 사랑을 받는 개미기도 하다.

이들은 다른 개미나 흰개미를 주로 사냥하는 전문적인 사냥꾼이다. 말레이시아에서의 연구에 따르면 1,062회의 관찰된 먹이 중 개미가 아닌 먹이는 네 개밖에 없었다고 한다.[24] 열대 정글 바닥에 쭈그려 앉아 핀셋으로 개미가 물고 가는 먹이를 하나씩 집어냈을 연구진들에게 경의를 표한다.

아에닉투스 군대개미가 다른 개미를 습격할 때 습격당하는 개미들이 키우고 있던 깍지벌레나 다른 공생 곤충도 같이 물고 나온다고 한다. 그들에게는 놓칠 수 없는 원 플러스 원 행사일 것이다. 이들의 습격은 밤낮을 가리지 않고 주로 지표면에서, 심지어 나무 위에서도 이뤄진다. 재밌게도 이들은 종마다 확연한 입맛이 있어서 어떤 종은 수도라시우스개미(*Pseudolasius*)를 집중적으로 공격한 반면 혹개미는 전혀 공격하지 않았다고 한다. 편식은 만물 공통인 것으로 보인다.

습격에 대응하는 그들만의 방어 전략

하루에도 몇 번씩 반복되는 군대개미들의 행진은 다른 개미 이웃들에게 노이로제일 것이다. 특히 미대륙에 사는 개미들은 군대개미가 직접적으로 노리는 먹이이기에 그들은 군대개미의 습격에 대항하기 위해 여러 방안들을 만들어 내야 했다. 미국에 사는 오스톤개미류(*Stenamma*)는 군대개미의 습격에 대비해 지하 벙커 같은 빈 방을 만들고, 집 입구를 높게 쌓는다. 왕개미, 잘록개미(*Prenolepis*), 북미사막 장다리개미(*Novomessor*)는 군대개미의 습격 전에 군집 전체가 대비한다. 남미에 사는 잎꾼개미는 군대개미에 대항하는 별도의 정예팀이 구성돼 집 밖에서 군대개미를 방어한다.

군대개미의 습격에 애벌레를 물고 대피하는 잘록개미류(*Prenolepis* sp.)
촬영지: 인도네시아 수마트라

중미에 사는 혹개미는 반복되는 군대개미의 습격에 급기야 효과적인 매뉴얼을 만들어 냈다. 이들의 병정개미는 군대개미의 습격을 알아채면 커다란 머리로 집 입구를 빈틈없이 봉쇄한다. 두 번째 무리의 병정개미들은 군대개미 행렬의 최전선 첨병들을 공격하며 페로몬이 나오는 복부를 땅에 끌고 다녔는데, 이는 뒤따라오는 군대개미들의 방향을 잃게 하는 화학전 교란으로 추측한다. 군대개미가 우왕좌왕하는 사이 공격에 투입됐던 병정개미는 집으로 복귀하고 집 입구는 다시 봉쇄된다. 이 같은 과정을 반복하면 지쳐버린 군대개미는 이내 습격을 포기하고 행렬의 방향을 바꾼다.[25]

행렬을 이루는 또 다른 개미들

앞에서 언급한 군대개미들은 군대개미아과에 혹하는 '진짜' 군대 개미들이다. 하지만 짧게 언급했듯 두마디개미아과, 침개미아과, 톱 니침개미아과의 일부 개미들은 군대개미가 아니지만 마치 군대개 미와 같은 특성을 보인다. 이들은 특성화된 먹이를 사냥하며 이주하 고, 날개가 없는 일개미형 여왕개미가 분열하면서 세력을 확장하기 도 한다.

렙토제니스 침개미(*Leptogenys*)는 전 세계의 열대 및 아열대 지역에 살아가는 침개미아과에 속하는 개미다. 이들의 얼굴을 정면에서 보 면 웃는 것처럼 보여서 '웃는 침개미'라고 부르기도 한다. 먹이가 풍 부한 곳을 찾아 끊임없이 집을 옮겨 다니며 등각류나 지네를 집중적 으로 사냥한다.[26]

지네잡이개미도 떼를 지어 다니며 지네를 사냥하는 군대개미 같 은 습성을 보인다. 두마디개미 중에서는 아시아 약탈개미가 대표적 인 사례다. 이들도 엄청나게 거대한 행렬을 지어 움직인다.

칭기즈 칸처럼
모든 것을
파괴하는 개미

마타벨레개미(*Megaponera analis*)는 아프리카 사바나 이남에 사는 검정색의 커다란 개미이다. 침개미 무리치고는 독특하게 군집 내 일개미 사이의 크기 차이가 큰 편이다. 큰 개체의 경우 25밀리미터 정도로, 이 정도 크기면 세계에서 가장 큰 개미 중 하나에 속한다.

이들의 이름 '마타벨레'는 1800년도 아프리카에서 지나가는 모든 것을 파괴했던 것으로 알려진 마타벨레(Matebele) 부족의 이름에서 따왔다. 이들은 무리를 이뤄 조직적으로 흰개미를 급습하고 먹이로 삼는 데 아주 전문화된 개미들이다. 이들은 매우 정교하게 잘 짜여진 조직을 이뤄 하루에도 몇 번씩 흰개미를 공격한다. 수백 마리의 마타벨레개미 무리가 줄을 지어 저벅저벅 흰개미집을 향하는 모습은

흰개미 포식자인 마타벨레개미 일개미

촬영지: 케냐 마사이마라

한 번 보면 잊기 어렵다. 이들의 흰개미 습격은 정찰자의 흰개미집 정찰로부터 시작된다.

정찰병 개미는 습격이 이루어지기 수시간 전 마타벨레개미집 근처의 흰개미집을 탐색하고 돌아온다. 이들은 정찰과 습격에 걸리는 시간을 줄이기 위해 풀밭보다는 땅이나 심지어 인공 도로를 선호한다.[27] 그 뒤로 정찰병 개미를 선두로 마타벨레개미는 무리를 지어 흰개미집으로 향한다. 습격은 흰개미집을 둘러싸면서 이미 시작된다. 이들은 공격 직전 흰개미집 주변에 모여 대열을 정비한 뒤 이내 흰개미집으로 일시에 돌진한다.

몸집이 거대한 일개미는 흰개미가 쌓아놓은 흙 둔덕을 부수고, 동시에 몸집이 작은 일개미들은 흰개미를 큰턱으로 물고 독침으로 쏴 죽인다.[28] 흰개미도 당하고만 있지 않는다. 이들의 무장한 큰턱은 두꺼운 외피로 무장한 마타벨레개미라도 다리를 단숨에 썰어버릴 만큼 강력하다. 하지만 흰개미 전문 사냥꾼들에게 저항은 무의미하다. 습격은 단 수십 초만에 일방적으로 끝난다. 마타벨레개미들은 전리품들을 들고 처참한 살육 현장을 떠난다. 현장은 죽은 흰개미, 다친 마타벨레개미가 뒤섞여 아비규환이다. 사냥꾼들은 각자 사냥한 흰개미들을 잠시 바닥에 내려놓고 대열을 정비한 뒤 마타벨레개미 일개미 한 마리당 여러 마리의 흰개미 사체를 물어 효율적으로 운반한다.

개미 세계에도 의사는 있다

다시 대열을 갖춰 집으로 복귀하는 마타벨레개미들의 행렬에서 단연 흥미로운 점은 이들이 다친 동료들을 물고 운반한다는 것이다. 놀랍게도 치료까지 한다. 다친 마타벨레개미는 큰턱샘에서 방출하는 페로몬을 통해 도움을 요청한다. 동료 일개미들은 다친 일개미를 물고 집으로 옮겨 치료를 시작한다. 먼저 동료가 다친 개미의 다리를 물어 단단하게 고정하고, 몇 분간 상처를 핥는다.

부상당한 개미에게 가장 위험한 균은 바로 녹농균(*Pseudomonas aeruginosa*)인데, 이런 상처 치료 과정과 뒷가슴샘 분비물로 녹농균의 확산을 저지하는 것으로 보인다.[29] 이 치료의 성공률은 엄청나다. 녹

마타벨레개미의 흰개미 습격 과정(왼쪽 상단부터 시계방향 순서로 정렬)

촬영지: 케냐

농균에 노출된 마타벨레개미의 사망률은 무려 93퍼센트인데, 집으로 옮겨져 치료를 받으면 사망률은 8퍼센트로 급감한다.

하지만 비교적 가벼운 부상(다리 한두 개가 잘린 정도)을 입은 일개미만 이런 상처 치료를 받고, 다리 세 개 이상을 잃는 등 심각한 부상을

받은 일개미는 구조 신호를 보내더라도 전쟁터에 버려진다.[30]

마타벨레개미의 생태와 치료 기작을 주로 연구하는 독일 뷔르츠부르크대학(Würzburg university)의 에릭 프랑크(Erik Frank) 교수는 "인간을 제외하고는 정교한 의학적 상처 치료를 할 수 있는 다른 생명체는 없는 것으로 안다"라고 얘기했지만, 얼마 가지 않아 같은 연구진들에 의해 개미의 놀라운 의학 시스템이 더 밝혀지게 됐다.

플로리다왕개미(*Camponotus floridanus*)는 상처의 감염이 손 쓸 수 없이 퍼지는 것을 막기 위해 절단 수술을 진행한다. 이들의 치료는 매우 섬세하다. 종아리가 다쳤을 때는 절단술을 시행하지 않고 핥는 등 가벼운 치료에 전념하지만, 허벅다리에 심각한 부상을 입은 경우 대부분 동료에 의해 다리가 절단됐다. 연구에 의하면 허벅다리에 부상을 입은 개미 스물네 마리 중 스물한 마리의 다리가 절단됐는데, 절단된 그룹은 모두 살아남았지만 시술을 받지 않고 방치된 세 마리는 모두 죽었다. 이는 왕개미가 상처의 부위와 범위에 따라 치료 방법을 다르게 한다는 것을 뜻하며, 인간 이외에 절단술을 수행하는 유일무이한 사례다.[31]

5장

뭉치면
살 것이고
흩어지면
죽을 것이니

방어하는 개미들

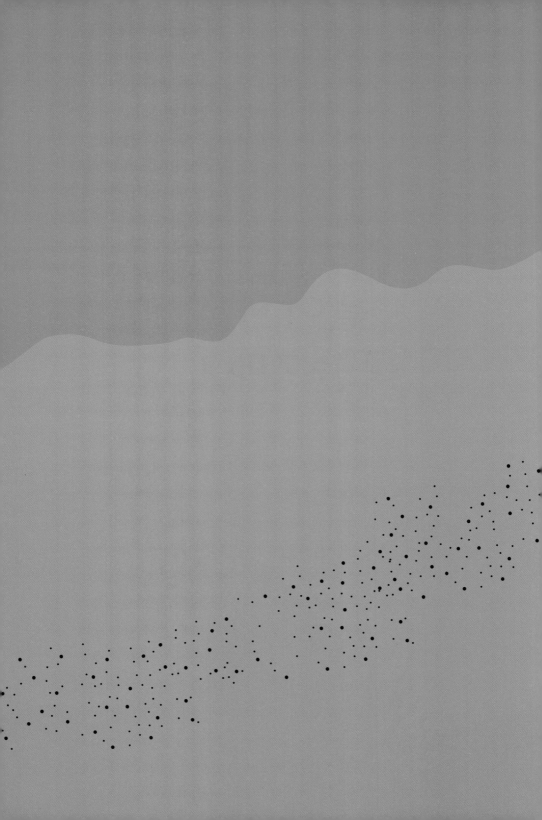

삼국지 유비는
실패했지만
개미는 성공한 것

전쟁과 침략의 시대에는 방어가 곧 생존의 열쇠였다. 작은 실수 하나로 전세가 바뀌었고, 적의 침투를 막지 못하면 군대는 순식간에 무너졌다.

방어 문제로 대패한 역사를 《삼국지》에서도 찾아 볼 수 있다. 221년 촉나라의 황제 유비는 의형제인 관우와 장비의 원수를 갚기 위해 오나라로 대규모 군대를 출정시켰다. 그러나 지나치게 많은 병력을 동원하면서 후방 방어를 소홀히 했고, 그 결과 동오의 장군 육손이 펼친 공격에 큰 타격을 입었다. 이는 촉나라에 치명적인 손실을 초래했으며, 유비 자신도 얼마 지나지 않아 사망했다. 이는 전쟁에서 방어와 후방 관리가 얼마나 중요한지를 잘 보여 주는 예이다.

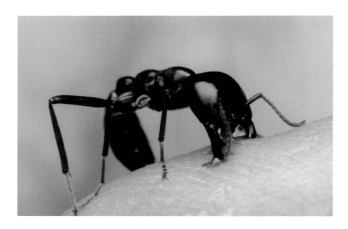

손가락을 공격하고 있는 아프리카 군대개미

촬영지: 케냐

　개미 사회에서도 방어는 매우 중요하다. 다행히 개미는 자기 자신과 군집을 위해 훌륭한 방어 시스템을 구축했다. 위험이 닥치면 군집 전체로 신속히 알리기 위해 화학적 신호를 이용하거나, 물리적 보호 장치로 스스로를 보호하는 등의 방법을 활용한다. 심지어 군집을 방어하기 위해 필요시 대피하거나, 자폭하는 전략까지 쓴다.

　개체 수준의 방어에서 개미들이 가장 널리 쓰는 방법은 큰턱과 독침을 활용한 저항일 것이다. 외골격을 강화하여 적의 공격으로부터 자신을 효과적으로 방어하는 전략도 흔하다. 군대개미의 병정개미가 지닌 강력한 큰턱은 사람과 같은 척추동물의 두꺼운 살갗도 간단히 꿰뚫는다. 드라큘라개미는 큰턱을 튕겨 강력한 방어력을 발휘하며, 잎꾼개미는 마그네슘 방해석으로 코팅된 갑옷을 착용해 외부의

위협으로부터 스스로를 보호한다.[1]

이와 같이 개미의 방어 전략을 연구한 과학자들은 흥미로운 현상을 발견했다. 그들의 연구에 의하면 진화적 흐름에서 독침이 없는 개미는 겹눈이 커지고, 반대로 독침이 있는 개미는 작은 겹눈을 가지게 된다는 것이다.[2] 개미가 한정된 진화적 자원을 눈 크기 증가, 큐티클 두께 증진, 강력한 독침 등등에 분배하며 각각의 방어 전략에 맞게 일종의 스킬트리를 효율적으로 쌓아 왔다는 사실을 알 수 있다.

생존 확률을 높이는 개미의 가시

개미에게서 흔하게 볼 수 있는 또 다른 방어 전략은 몸에 난 뾰족한 가시일 것이다. 마치 우리가 생선 뼈를 바를 때 성가시다고 느끼는 것처럼 개미의 포식자들도 가시가 있는 개미를 먹는 데에 어려움을 느낀다. 여러 개미 종들은 가슴과 허리에 긴 가시를 발달시켰으며, 특히 가시개미속(Polyrhachis)에는 날카로운 가시를 가진 약 700종이 존재한다. 이들은 이름에서처럼 가시를 통해 방어력을 극대화했다.

개미의 가시 방어 효과는 일본의 카가와대학교 후미노리 이토(Fuminori Ito) 교수 연구팀에 의해 밝혀졌다. 그들은 청개구리에게 가시가 있는 가시개미와 가시를 제거한 가시개미를 먹이로 줬다. 개구리는 가시가 없는 가시개미는 전부 삼켰지만, 가시가 있는 가시개미

다양한 가시개미의 모습

는 서른 마리 중 무려 스물일곱 마리를 다시 뱉어 냈다. 이들의 가시
에는 독액이 없기에, 이 실험을 통해 개미의 가시가 물리적으로 얼
마나 중요한 방어 역할을 하는지 확인되었다.[3]

　이는 거미를 대상으로 한 실험에서도 마찬가지였다. 심지어 가시
가 긴 개미들이 가시가 짧거나 없는 개미들에 비해 먹이 탐색 효율
도 더 높았다. 이는 포식자의 공격을 덜 받으므로 개미들이 보다 대

단단한 갑옷과 가시로 부장한 아시아거북개미(*Cataulacus*)

촬영지: 인도네시아 수마트라

담하게 먹이 활동을 할 수 있었기 때문이라고 보인다.[4]

　가시개미의 종 다양성은 열대지역을 중심으로 놀라울 정도로 풍부하며, 과학자들은 이 같은 진화적 성공에 가시가 큰 역할을 했을 것으로 추정하고 있다.

자연과 하나되는 위장의 마스터

　어떤 개미는 주변 환경에 맞춰 자신의 몸을 감쪽같이 위장한다. 늘보흙개미는 마치 평생 길리슈트를 입고 있는 것처럼 보인다. 이들의 몸에는 두 종류의 털이 나 있는데, 끝이 갈라진 긴 털은 흙을 쓸어 포집하고 짧은 털에 그 흙 입자를 붙여 개미의 몸을 흙과 같은 색

몸에 난 털 덕분에 위장의 달인이 된 늘보흙개미(*Basiceros singulatus*)

촬영지: 페루

과 질감으로 코팅한다.[5] 이러한 자연스러운 위장은 새와 같이 시각에 의존하는 포식자로부터 자신을 보호하는 데 큰 역할을 한다.

또한, 이들은 위협받으면 몇 분 동안 움직이지 않고 가만히 있어 몸이 꽤 큰데도 자연에서 찾아내기 매우 어렵다. 움직임을 멈추고 죽은 척 하는 행동(thanatosis)은 효과적인 방어 전략이다. 심지어 눈앞에서 봤던 개미를 놓친 것처럼 느껴질 때도 그들은 사실 도망간 것이 아니라 흙바닥에서 가만히 웅크리고 있을 가능성이 높다.

구르고 점프하고 뛰어내려 살아남는 개미들

주로 땅속에 사는 가시방패개미는 아주 귀여운 전략을 만들어 냈다. 가시방패개미는 낙엽 위처럼 경사진 곳에서 위협을 느끼면 즉시 몸을 동그랗게 말아 굴러 떨어진다. 이들은 보통 죽은 척을 하지만, 경사진 곳에서는 공격이 계속되면 몸을 말고 데굴데굴 굴러간다. 흙 속으로 굴러 떨어진 뒤 움직이지 않으면 찾아내기 어렵다. 어린 시절 메뚜기나 개구리를 잡아봤던 사람이라면, 생물에게 점프나 회피가 위험에서 벗어나는 훌륭한 전략이라는 것을 알 수 있을 것이다.

딫개미, 남미큰눈점프개미(*Gigantiops*), 하페그나토스(*Harpegnathos*), 불독개미 등은 적극적으로 점프한다. 가운뎃다리와 뒷다리의 고관절 근육이 줄었지만, 허벅다리 근육이 눈에 띄게 두꺼워져 점프를 잘 할 수 있다.[6]

점프를 하는 개미 중 가장 유명한 개미는 아마 아름답고 커다란 눈이 인상적인 남미큰눈점프개미일 것이다. 이들은 강력한 독침을 지닌 총알개미의 집에서 살며 홀로 돌아다닌다. 매우 좋은 시력을 지녀 포식자의 움직임을 빠르게 감지하고 점프해 도망가기에 이 개미를 채집하는 일은 까다롭다.

아프리카 마다가스카르에 사는 마다가스카르 절벽점프개미(*Malagidris sofina*)는 점프를 보다 적극적으로 활용한다. 이들은 절벽에 깔때기모양의 집을 짓고 사는데, 집에 적이 접근하면 이 용감한 개미들은 적을 붙잡고 절벽 아래로 함께 뛰어내린다.[7] 뛰어내린 개미에 애도를 표하지 않아도 괜찮다. 마다가스카르 절벽점프개미는 가벼워 떨어진다고 해서 죽지 않고, 절벽을 기어올라 무사히 집으로

남미큰눈점프개미(*Gigantiops destructor*)의 발달한 눈과 뒷다리

돌아오기 때문이다.

위협을 받으면 뛰어내리는 행위는 나무에 사는 개미들에게도 효과적인 탈출 또는 방어 전략이다. 하지만 평생을 나무에서 살아왔던 개미 입장에서는 나무 아래에 어떤 위험이 있을지 알 수 없기에 몸을 던지기 어려울 것이다. 열대 정글 특성상 만약 물이라도 있다면 도리어 더 큰 위험으로 빠져들게 된다.

그래서 큰눈나무개미, 거북개미, 왕개미, 아시아거북개미와 같은 몇몇 개미들은 뛰어내릴 때 몸을 납작하게 만들어 글라이딩을 한다. 이들은 가운뎃다리와 뒷다리, 배의 각도를 미세하게 조절하여 원하는 장소로 착지할 수 있다. 이 같은 특성은 우선 착지점을 눈으로 확인해야 하기에 주행성 개미에서만 나타나는 것으로 보이며, 나무에 사는 개미들 사이에서 평행 진화한 특징으로 추정된다.[8]

내 발밑의 검은 제국

142

개미집에도
대문이
있다?

영화 〈어벤져스〉에 등장하는 빌런 타노스는 우주를 떠도는 인피니티 스톤을 건틀릿에 모아 손가락 튕기기, 일명 핑거 스냅으로 우주의 질서를 재정비하고자 한다. 이처럼 거창한 목적은 아니지만, 자연계에는 비슷한 방식으로 스스로를 방어하는 존재가 있다. 바로, 미스트리움 톱니침개미(*Mystrium*)이다.

이들은 '큰턱 스냅'을 사용하는데, 이는 길게 뻗은 턱 끝에 강하게 힘을 주며 힘을 응축시키다가 순간적으로 큰턱을 엇갈리게 교차시키며 큰턱으로 적을 튕겨내는 원리를 활용한 것이다. 이때 큰턱이 움직이는 속도는 순간최대 초속 90미터로, 지구상에 알려진 모든 동물이 낼 수 있는 속도 중 가장 빠른 속도다. [9]

큰턱으로 적을 튕겨내는 미스트리움 톱니침개미

촬영지: 인도네시아 보르네오

이 과정을 조금 더 자세히 살펴보자. 이들의 턱 근처에는 감각모가 있다. 이 감각모에 공격 대상의 몸이 닿으면 미스트리움 톱니침개미는 머리에 있는 거대한 근육을 이용해 마치 활 사위를 당기듯 큰턱을 구부려 닿게 해 힘을 저장한다. 그러고 나서 큰턱 양쪽의 작은 근육을 비대칭적으로 수축시키며 큰턱이 엇갈리고, 그 순간 저장했던 힘이 순간적으로 강하게 방출되며 적은 곧 찢겨진다. 두 팔을 뻗어 손을 맞대어 힘을 주다가 손바닥을 엇갈리게 하면 순간적으로 빠르게 팔이 움직이는 원리와 같다.

이런 튕기기 메커니즘은 개미의 작은 몸집을 생각했을 때 상상하기 어려운 정도의 강력한 힘을 만들어 내 먹이를 공격하거나 위험 상황에서 벗어날 수 있다. 튕겨진 큰턱이 단단한 물체에 맞으면 그 반작용으로 인해서 미스트리움 톱니침개미 스스로 공중으로 날아오를 정도다. 탄성을 이용한 강력한 힘을 만들어 내는 생물은 갯가재, 톡토기 등에서도 볼 수 있는 전략이지만, 엇갈리는 힘을 이용한 공격, 방어 전략은 미스트리움 톱니침개미와 몇몇 흰개미에서만 볼 수 있다.

흰개미는 개미와 진화적으로 거리가 아주 먼 곤충이라고 얘기했지만, 집단으로 모여 사는 비슷한 생태 때문인지 우리가 보기엔 개미와 서로 닮은 생활사를 보이는 수렴 진화 사례를 쉽게 찾아볼 수 있다. 열대지방에 사는 흰개미 중에서도 핑거 스냅을 사용하는 무리가 있는데, 이들은 초속 90~132미터 정도의 속도로 큰턱을 교차해 튕겨낸다. 이 같은 행동은 개미의 사냥에 대응하기 위한 행동으로 추측된다.[10] 실험 조건에 따라 톱니침개미의 속도가 빠르게 측정될 때도 있고 흰개미의 속도가 빠르게 측정되기도 해 학자들 사이에서 개미와 흰개미 중 누가 속도 부문 금메달을 차지할지는 놓고 경쟁하며 밈(meme)처럼 자주 언급된다.

스스로 대문이 되어 적을 막는 법

초유체인 개미는 개체 단위의 방어도 방어지만 집 전체를 지키는 데 많은 공을 들인다. 일개미들은 군집을 위해 기꺼이 희생할 준비가 돼 있다. 개미집을 전체를 통째로 잘 방어하기 위한 방법은 뭐가

넓적한 머리로 집 입구를 틀어막는 남아메리카의 거북개미(*Cephalotes atratus*)

촬영지: 페루 이키토스

있을까? 보통 집이 공격받으면 대부분의 개미가 방어에 전념하는 편이다. 애초에 개미집을 공격받지 않을 수는 없을까? 머리를 써 보자. 입구를 막아 다른 생물의 출입을 원천 봉쇄해 버리면 어떨까? 어떤 개미들은 개미집 입구를 머리로 막아버린다. 일개미 스스로가 자신의 집의 대문이 되는 것이다.

신체의 일부로 개미집 입구를 막아버리는 전략은 거북개미, 넓적다리왕개미, 꼬리치레개미, 약탈개미무리(*Carebara*), 구대륙큰눈나무개미(*Tetraponera*), 콜로보스트루마(*Colobostruma*) 등 여러 개미 무리가 사용하는 방법이다.[11] 그중 거북개미와 넓적다리왕개미는 각 속에 속하는 거의 모든 종들이 머리가 평평하게 변형돼 있어 집 입구를 머리 전체로 막고 있다가 같은 집 식구만 들여보내 준다.

이런 머리로 집을 막는 전략은 남아메리카에 살고 있는 개미들에

집 입구를 막고 있는 넓적다리왕개미(*Colobopsis nipponica*)의 병정개미

촬영지: 한국 부산

게 흔하게 보인다. 거북개미는 아메리카대륙에 사는 개미로 보통 나무에 집을 짓고 살아가는데, 여왕개미, 대형일개미, 소형일개미 등 모든 계급에서 평평하게 변형된 머리를 가지고 있다. 어떤 거북개미는 머리에서 분비물을 내뿜어 나무의 질감과 붙어 있는 진균류를 따라하며 위장하는 치밀함을 보이기도 한다.[12] 유럽에 사는 배굽은침개미(*Proceratium melinum*)는 넓어진 엉덩이로 개미집 입구를 틀어막기도 한다.[13]

그 개미는
왜
자폭하는 걸까?

1944년, 태평양 전쟁이 한창일 때 일본군은 패색이 짙어지자 가미카제 자살 특공대라는 전례 없는 전술을 도입했다. 이 특공대원들은 적 함선을 향해 자신과 폭탄을 함께 실은 비행기를 그대로 충돌시키며 스스로를 희생했다. 그들의 목적은 단 하나였다. 자신의 죽음을 통해 더 큰 피해를 입히고, 다른 군대를 보호하는 것이었다. 당황스러울 정도로 광기서린 이 전략은 오늘날에도 여러 매체를 통해 자주 회자되는 극단적 전술의 대표적인 사례다.

자연 세계에서도 이런 전술을 구사하는 생물이 있다. 자폭개미 (*Colobopsis* spp.)는 스스로를 폭파시키며 군집을 방어하는 개미로, 인도네시아 수마트라와 보르네오 숲에서 살아간다.

위협받으면 몸이 터지며 끈끈한 독성 물질을 방출하는 자폭개미들

촬영지: 인도네시아 수마트라

이들은 넓적다리왕개미에 속하는 개미들로, 마치 게임 〈스타크래프트〉의 저그 맹독충과 같이 군집을 지키기 위해 스스로 자폭을 한다. 인도네시아 수마트라와 보르네오 원시림에 살고 있는 자폭개미 무리는 현재까지 약 열다섯 종이 알려졌다. 이들은 1916년에 처음 발견됐으나 1935년 기록을 끝으로 과학계에 알려지지 않아 베일에 감춰져 있었다. 그러나 2018년 과학자들에 의해 다시 발견되며 매스

컴에 올랐다.[14]

그래서 사실 이들이 꽤 많이 귀한 개미인 줄 알고 있었고 인도네시아 보르네오에서 처음 만났을 때 쾌재를 감출 수 없었는데, 수마트라에서 너무 많이 보여서 조금 당황했던 기억이 있다.

자폭개미의 발달한 큰턱샘에는 끈끈하고 독성이 있는 액체가 있는데, 적에게 공격받으면 이 큰턱샘을 터뜨려서 적의 이동성을 저하시키거나 심지어 죽인다.

과학자들은 이 끈끈한 액체를 '카레향'에 비유했는데, 개인적으로는 약한 화학냄새를 풍기는 액체 고무 같다는 인상이었다. 어떤 종은 이 큰턱샘이 가슴부터 배쪽까지도 크게 확장돼 있다. 위협을 받으면 배를 순간적으로 강하게 구부리며 배를 '폭파'시키고, 이 점액 물질을 적과 함께 뒤집어쓴 채로 같이 죽는다.

특수화학무기를 사용하는 나무 위 전사들

특수화학무기를 사용하는 개미는 자폭개미 뿐만이 아니다. 인도네시아 보르네오 숲 속에 들어가 바닥을 자세히 보면, 노란색 조끼를 입은 것 같은 개미를 어렵지 않게 발견할 수 있다. 폭탄꼬리치레개미(*Crematogaster inflata*)라고 불리는 이 개미 무리는 다른 개미와 비교했을 때 엄청나게 커진 뒷가슴샘을 가지고 있다.

노란색 뒷가슴이 눈에 띄는 폭탄꼬리치레개미(*Crematogaster inflata*)

촬영지: 인도네시아 보르네오

앞에서 언급했듯 뒷가슴샘은 항균물질을 주로 분비해 감염을 막는 역할을 한다. 하지만 미생물이 땅속보다 현저히 적은 나무에 사는 개미들은 매우 축소된 뒷가슴샘을 가지거나 퇴화했다. 나무에 집을 짓고 사는 폭탄꼬리치레개미는 그 중에서도 매우 예외적인 경우다. 보통 개미가 평균적으로 120개의 뒷가슴샘 구성 분비 세포를 가지고 있는 반면, 폭발꼬리치레개미의 뒷가슴샘은 무려 1천 4백 개가 넘는 세포로 이루어진다.[15]

이들의 거대한 뒷가슴샘은 항균물질을 분비하는 원래 기능을 하지 않는 대신 끈적한 방어용 물질을 대량으로 내뿜어 적의 공격을 지연시킨다.

6장

속이고
배신하고
착취하는
약탈자들

권력을 쥔 개미들

노예 제도가
합법인
사회

하이 리스크 하이 리턴, 투자의 기본이다. 큰 이익을 얻기 위해서는 위험을 감수해야 한다. 앞에서 언급했던 보통 개미의 일생을 복기해 보자. 짝짓기를 마친 여왕개미는 지네, 거미, 개미귀신, 딱정벌레, 네 살 난 호기심 많은 어린이 등 잠재적인 천적들을 피해 무사히 집을 만들고 일개미를 만들어 내야 한다. 일개미를 하나하나 늘려 나가는 과정은 긴 시간과 인내를 요한다. 일단 성공해서 수천, 수만 마리의 일개미를 가지게 된다면 안정적이겠지만, 그렇게 되기까지 개미 입장에서는 시간이 너무 오래 걸린다. 하지만 이미 다 만들어 둔 개미집을 빼앗을 수 있다면 어떨까?

오랜 기간 동안 저축해 부자가 되기 어려우니 가상화폐나 도박으로 일확천금을 노리는 사람들이 있다. 개미 세계에도 목숨을 담보로 하여 다른 개미집을 통째로 노리는 이들이 있는데, 바로 기생성 개미들이다.

이들은 다른 개미에 기생하며 원래 잘 살고 있던 여왕개미를 죽이고 그 개미 군체의 여왕개미 행세를 하며 왕국을 통째로 접수한다. '살아남기'라는 하이 리턴을 위해 개미들은 목숨을 걸고 다른 개미집의 권력을 찬탈한다. 어떤 기생성 개미들은 다른 개미집을 공격해 그 개미집의 애벌레와 고치를 훔쳐와 자신들을 위해 대신 일해 줄 노예로 부린다. 우리의 시선으로 보기엔 참 잔혹하기 그지없다.

물론 인간의 도덕적 잣대를 기준으로 자연을 보는 것만큼 오만한 행위도 없을 것이다. 다윈보다 더 열정적으로 다윈주의를 지지했던 영국의 생물학자 토마스 헉슬리(Thomas Henry Huxley)는 "우주의 모든 과정은 윤리적 도덕적 관점과 어떤 종류의 관계도 없다"라고 했고[1] 에드워드 윌슨은 "자연선택은 우리의 도덕적 감정을 형성했지만, 그 자체로는 본질적으로 비도덕적이다"라고 했다.

개미 사회를 들여다보면 놀랍고 때론 불편할 정도로 사람들의 어두웠던 역사와 닮아 보이기도 한다. 사회성 기생 개미들이 벌이는 잔혹한 드라마는 외딴 정글에서만 볼 수 있는 아주 희귀한 현상이 아니라 도심 한가운데 위치한 여러분이 살고 있는 아파트 단지에서도 볼 수 있는 일이다. 우리 주변에서 지금도 일어나는 땅속 세계 다큐멘터리를 최대한 감정을 배제하고 감상해 보자.

납치된 것도 모른 채 영원한 노예가 되다

사무라이개미(*Polyergus*)는 곰개미의 집을 습격하는 대표적인 납치, 노예 사냥 개미이다. 한국에는 한 종이 있고 북반구 대부분 지역에서 볼 수 있는 개미이다. 도시의 공원이나 언덕, 산 초입에서도 볼 수 있을 정도로 희귀한 개미는 아니지만, 사냥을 나설 때가 아니면 보기 어려워 개미를 본격적으로 보러 다닌 지 10년은 넘었음에도 최근에서야 자연에서 사무라이개미집을 봤다. 사무라이개미는 곰개미 집에 침입해 고치를 약탈하고 집으로 돌아온다.

약탈당한 고치에서 태어난 곰개미들은 사무라이개미를 동족으로 인식하여 사무라이개미를 위해 육아, 집안일, 사냥, 방어 등 온갖 일들을 도맡는다.[2] 이런 특징 때문에 노예를 부리는 개미라고 불렸는데, 최근에는 노예를 부린다는 표현이 아무래도 과거의 역사를 상기시키고 특정 집단에 공격적으로 들릴 수 있다는 지적 때문에 서양에서는 납치개미나 해적개미로 부르자는 의견이 있다.[3]

이런 다소 충격적이고 흥미로운 생태 덕분에, 사무라이개미는 지난 200년간 생물학자들의 많은 관심을 받아왔다. 우리는 이들의 분류, 생태, 행동을 꽤 자세히 이해하고 있다. 미국 미주리 식물원의 제임스 트래거(James C. Trager) 박사가 반평생을 바쳐 연구한 자료는 사무라이개미에 대한 우리의 이해를 몇 단계 높였다.

사무라이개미의 약탈은 정찰병 개미의 정찰로 시작한다. 정찰병

적을 납치하고 노예를 사냥하는 사무라이개미(*Polyergus samurai*) 일개미

촬영지: 한국 서울

은 주변의 곰개미집을 탐색하고, 모집 페로몬을 방출하며 집으로 돌아온다. 침략이 결정되면 수백 마리의 사무라이개미 일개미가 모이고 곧 거대한 행렬을 이뤄 곰개미집으로 돌진한다. 살면서 개미에 전혀 관심이 없던 사람일지라도 이 장면을 마주친다면 핸드폰 카메라를 꺼내게 될 정도로 행렬이 꽤나 웅장하다.

공격을 받는 곰개미 또한 자신들의 소중한 자손들을 사무라이개미에게 만만히 넘겨줄 리가 없다. 사무라이개미의 습격에 곰개미는 날카로운 큰턱과 개미산으로 저항해 보지만, 사무라이개미가 배 끝 듀포르샘(Dufour's gland)에서 방출하는 선전 페로몬은 곰개미들의 소통 체계를 교란시켜 곰개미들 자신끼리 싸우게 한다.[4] 곰개미들이 정신을 못 차리는 사이 사무라이개미는 곰개미의 유충과 고치를 빼앗아 물고 자신들의 집으로 돌아온다. 반항하는 곰개미는 가차 없이 죽인다.

한 개미집을 여러 번 습격하는 경우도 있고 각기 다른 개미집을 습격할 때도 있지만, 어찌됐던 습격은 하루에 몇 번이고 계속된다. 강제로 납치된 곰개미들의 고치는 곧 사무라이개미집에서 깨어나게 되는데, 새로 태어난 곰개미들은 사무라이개미를 동족으로 여기며 그들의 일을 대신한다.

고치에서 태어난 직후 페로몬으로 동족을 인식하기 때문에, 곰개미는 그들이 섬기는 어미가 전혀 다른 종임을 알아챌 방법이 없다. 사무라이개미집에는 항상 노예인 곰개미의 일개미가 사무라이개미의 일개미보다 많으며, 보통 다섯 배에서 열 배 정도 차이가 날 정도다.[5]

짝짓기를 마치고 새롭게 탄생한 사무라이개미 여왕개미 또한 일개미와 마찬가지로 숙주인 곰개미집을 습격한다. 사무라이개미의 여왕개미는 곰개미 여왕개미를 물어 죽인 뒤, 몸을 비벼 페로몬을 위장하여 자신이 여왕개미인 행세를 하는 전형적인 기생 개미들의 생활사를 보인다.

만약 곰개미의 집이 사무라이개미가 성장할 만큼 충분히 크지 않다면, 사무라이개미의 여왕개미는 곰개미 여왕개미를 즉시 죽이지 않고 충분한 곰개미 일개미를 생산할 때까지 동거하는 경우도 알려졌다. 영화 〈신세계〉의 이자성이 그랬듯, 결국 사무라이개미는 곰개미의 여왕개미를 죽이고 집과 통제력을 완전히 장악하게 된다.

사무라이개미의 머리를 확대해 보면 낫모양의 독특한 큰턱 모양이 가장 먼저 눈에 들어올 것이다. 물론 멀리서 사무라이개미를 보

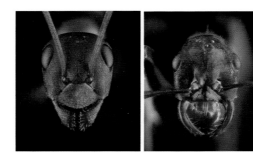

곰개미(왼쪽)와 사무라이개미(오른쪽)의 큰턱

자마자 '저 개미는 큰턱이 갈고리 모양으로 독특하군' 할 정도로 잘 보이지는 않지만, 손으로 잡고 자세히 보면 맨눈으로도 볼 수 있다.

보통의 개미는 삼각형 모양의 큰턱을 가지고 있다. 톱니모양의 저작면이 길게 만나는 구조는 먹이를 잡고 찢기 적합해 보인다. 이와 달리 갈고리, 낫 모양의 사무라이개미 큰턱은 다른 개미의 습격, 고치를 약탈할 때 꽉 붙잡기 용이하게 진화한 구조다. 마치 레고인형의 둥근 손에 원통형 레고 블록이 꽉 결합되듯이 갈고리 모양의 큰턱으로 곰개미의 고치를 꽉 잡을 수 있다.

이런 낫모양의 큰턱 구조는 사무라이개미 스스로 생존에 필요한 먹이 활동, 노동을 할 수 없게끔 하기에 일을 대신 해 줄 개미를 반드시 필요로 한다. 따라서 사무라이개미 군체가 생존해 있는 한 주기적으로 습격과 약탈을 하며 곰개미들을 공포에 떨게 한다.

하지만 지속적인 약탈은 숙주 개체군 감소로 이어질 것이고, 이는 결국 사무라이개미의 생존에 문제를 초래할 것이다. 곰개미라고 계속 당할 수만은 없다. 루피바비스 곰개미(*Formica rufibarbis*)는 특별히 사무라이개미의 일개미에만 강한 공격성을 보인다. 이들은 사무라이개미의 정찰병 일개미를 적극적으로 탐지하고 공격해 사무라이개미의 약탈을 사전에 차단한다.[6] 한편 미국 플로리다에 사는 아치볼디곰개미(*Formica archboldi*)는 사무라이개미(*Polyergus oligergus*)의 약탈에 대비해 독특한 전략을 세웠다.

사람들이 사슴 같은 동물의 머리뼈로 벽을 장식해 놓는 것처럼 아치볼디곰개미는 자신들이 사냥한 덫개미의 머리를 예리하게 잘라서 집 안에 보관한다. 놀랍게도 덫개미 머리를 모아둔 집에는 사무라이개미의 공격 빈도가 감소한다.

머리를 보관하는 이유는 여전히 연구 중이지만, 과학자들은 사무라이개미의 약탈에 대비한 화학적 위장일 가능성에 주목하고 있다.[7] 약탈은 숙주개미에게 매우 큰 진화압력으로 작용하고 결국 그들은 새로운 전략을 만들어 낼 것이기 때문에, 기생자와 숙주의 쫓고 쫓기는 진화적 군비 경쟁은 계속될 것이다.

다른 개미의 힘으로 살아가는 존재들

사무라이개미와 같이 생애 전반에 걸쳐서 다른 개미의 고치와 애벌레를 훔쳐오고, 약탈한 개미의 노동력을 필요로 하는 개미들을 '약탈 기생성 개미(dulotic ants)'라고 부른다. 이들은 체계적인 약탈 시스템을 가지고 있어 주기적으로 다른 개미를 약탈한다. 그들 중 일부는 사무라이개미처럼 스스로 자신의 개미집을 관리하거나 심지어 먹이를 먹을 수 있는 능력을 상실하기도 해 다른 개미가 떠먹여 주지 않으면 스스로 먹이를 먹지도 못한다.

약탈 기생성 개미는 400여 종의 전체 사회성 기생 개미 중 20퍼센트, 약 80종이 해당되며 불개미(*Formica*), 사무라이개미(*Polyergus*), 이빨개미(*Strongylognathus*), 호리가슴개미(*Temnothorax*) 속에서 발견된다.[8] 약탈 기생성은 임시 사회성 기생에 비해서는 확실히 적은 진화적 기원을 가지지만 일단 발생하면 굉장히 성공적인 생태 전략으로 보인다.

왕을 암살하고 왕좌를 거머쥐는 개미들

가시개미(*Polyrhachis lamellidens*)는 꽤 커다란 몸집에 선명한 빨간색 가슴, 그리고 낚시바늘 모양 가시가 있어서 동물을 구분하는 눈썰미가 있는 사람에게는 다른 개미와 헷갈리기 힘든 개미다. 확대한 사진을 보면 제주도 한라산의 깊은 원시림 정도는 가야 볼 수 있는 희귀한 곤충처럼 보일 수 있지만, 사실 우리나라 여기저기서 볼 수 있는 흔한 개미다. 하지만 흔한 개미라고 하고 가볍게 넘겨 보기에는 이들의 생활사는 사무라이개미 못지 않은 첩보 액션으로 가득 차 있다.

보통의 개미가 겨울잠을 준비하는 10월에서 11월, 개미에게는 결혼 비수기인 시기에 가시개미는 결혼 비행을 준비한다. 귀찮다고 빈둥거리다가 예식장 예약에 늦었을 리는 없고, 왜 이런 시기에 결혼비행을 하는 걸까? 이는 가시개미의 기생성 생태와 관련이 있어 보인다.

짝짓기를 성공적으로 마친 가시개미 여왕개미는 일본왕개미의 집을 찾아다닌다. 이미 낮아진 기온에 겨울잠을 준비 중이었던, 몸이 이미 눈에 띄게 굼떠진 일본왕개미 일개미가 이들 가시개미 여왕개미의 목표다. 일본왕개미는 몸집도 크고 강력한 병정개미가 있어서 이들이 활동적일 때에는 아무래도 침입자인 가시개미로서는 꽤나 부담일 것이다.

가시개미는 일본왕개미 일개미를 만나면 목을 붙잡고 올라타 몸을 비비며 일본왕개미의 냄새로 자신의 몸을 뒤덮는다. 가시개미의 여왕개미는 온몸에 길고 빽빽한 털이 있어서 일본왕개미의 냄새를 더욱 효과적으로 받아들일 수 있다.[9] 화학적 위장은 꽤나 효과적이다.

냄새를 겉에 바르는 것에서 멈추지 않고 가시개미의 일본왕개미의 페로몬을 후인두샘에 저장함으로써 화학적 위장은 더 강력해진다.[10] 일단 이 과정에 성공하면 가시개미는 본격적으로 일본왕개미 집으로 잠입을 한다. 집 안쪽까지 들어가는 데 성공한 가시개미는 일본왕개미의 여왕개미도 같은 방식으로 죽이며 냄새를 복제한 뒤, 결국 일본왕개미 왕국의 여왕개미가 된다. 이 과정은 며칠이 걸리기도 한다.

일본왕개미의 일개미들이 가시개미를 위해 일하는 동안, 가시개미 여왕개미는 계속 알을 낳으며 가시개미 세력을 서서히 불려 나간

일본왕개미 일개미에 올라타 냄새를 복사하고 있는 가시개미의 여왕개미

다. 자신들의 여왕을 잃은 남아 있던 일본왕개미의 일개미들은 결국 모두 가시개미 일개미들에 의해 대체된다.

얼마 지나지 않아 가시개미는 자신의 식구만을 이끌고 일본왕개미와 함께 살던 땅속에서 나와 커다란 썩은 나무의 빈 공간으로 이동한다. 남아 있는 일본왕개미 일개미들은 죽는다. "성공하면 혁명, 실패하면 쿠데타"라던가. 기생 단계에서 일단 발각되면 모든 것이 일장춘몽으로 끝나게 된다.

11월 산에 가서 일본왕개미집 근처의 돌을 들어 보면 진입에 실패하거나 도중에 발각된 가시개미의 여왕개미 시체가 갈기갈기 찢겨 방치돼 있는 모습을 어렵지 않게 볼 수 있다.

시체를 방패로 쓰는 이들이 있다?

영화 〈미션임파서블: 고스트 프로토콜〉에서 주인공 이단은 러시아군 장성으로 변장하고 투영 스크린을 활용하여 러시아 크램린궁으로 침입한다. 복장과 마스크로도 위장을 하고 입체 스크린을 추가로 활용해 상대방을 완벽하게 속인다. 기생성 개미인 황털개미(*Lasius umbratus*)는 기생할 때 페로몬 복제를 해서 들이받는 것에 더해서, 위장 방법을 한 층 더 덧대어 발각될 확률을 줄인다.

황털개미 여왕개미는 숙주인 고동털개미를 죽인 뒤 그들의 페로몬으로 위장하는 데 더해 죽은 고동털개미 시체를 입에 물고 고동털개미집으로 돌진한다. 말 그대로 '시체 방패'를 업고 돌격한다. 개미집 안쪽에 있는 고동털개미 일개미는 황털개미의 입에 물린 동료의 시체에서 나는 페로몬을 먼저 감지하므로 황털개미는 큰 문제없이 집 안쪽으로 침입할 수 있다. 혹시 발각되더라도 이들은 보통의 개미들보다 더 두꺼운 외골격과 관절 부분을 가지고 있기 때문에 좀 물리더라도 개의치 않는 것 같다.

내부로 진입에 성공하면 역시 고동털개미 여왕개미를 죽이고 고동털개미의 보호 속에서 자신들의 왕국을 만들어 나간다. 비누같은 냄새를 풍겨서 '냄새개미' 라는 이름이 붙은 민냄새개미(*Lasius spathepus*)도 마찬가지로 고동털개미집에 침입해서 여왕을 죽이고 비슷한 방식으로 왕국을 빼앗는다.

시체 방패를 입에 물고 개미집으로 돌진 중인 황털개미류 여왕개미
촬영지: 독일 예나(사진 제공: 박종현)

　이렇게 군체 성장 초기 다른 개미의 노동력을 빌려 자신의 군체를 형성하고, 나중에는 숙주 일개미 없이 자신들의 일개미로만 구성하는 생활사를 '일시적 사회성 기생(temporary social parasites)'이라고 부른다. 이들은 다른 개미의 집을 뺏지 않고 스스로 개미집을 만들어 살아갈 수 없다. 약 400종의 알려진 전체 기생 개미에서 대략 절반인 200여 종이 일시적 사회성 기생 생활사를 가지는 것으로 알려져 있는데, 시베리아개미아과, 불개미아과, 큰눈나무개미아과, 두마디개미아과에서 특히 잘 보인다.

그들은 왜
불편한 동거를
하는 걸까?

1950년, 마터호른으로 유명한 스위스의 체르마트(Zermatt)에서 아주 이상하게 생긴 개미가 발견됐다. 이 개미는 비정상적으로 몸이 작고 발톱과 욕반(곤충의 발톱 사이에 있는 패드, 매끄러운 곳에 붙을 수 있게끔 한다)이 발달해 있었다. 턱은 너무 작아 스스로 먹이를 먹을 수도 없었으며 주름개미 여왕의 몸에 붙은 채로 이동하고 있었다.

이런 너무나도 독특한 생김새로 인해 스위스의 개미학자 하인리히 커터(Heinrich Kutter)는 이 개미를 '최후의 개미'라는 뜻의 텔루토머멕스(*Teleutomyrmex*)로 이름 붙였다. 그리고 뒤이은 연구에 따라 주름개미 무리로 옮겨졌다.

기생주름개미는 매우 이례적이게도 일개미 없이 일생을 숙주에게

전적으로 의지하며 살아간다. 이들은 주름개미 여왕개미에 평생을 붙어 다니며 기생하는데, 화학물질을 방출하여 숙주를 속이며 먹이를 받아먹는다. 30초에 한 개의 알을 낳는다고 알려진 이들의 엄청난 산란력은 몸에 비해 이상하리만큼 커지는 난소가 있기에 가능하다.

기생주름개미는 일개미를 낳지 않고 자신의 유성생식 자손을 만드는 데만 집중한다. 주름개미집에는 여러마리의 기생주름개미를 가지기도 하는데, 심지어 한 마리의 주름개미 여왕개미에 여덟 마리의 기생주름개미가 붙어 있는 모습이 발견된 적도 있다. 마치 상어 배에 붙어 있는 빨판상어가 떠오르는 생활사다.

기생주름개미는 생존, 기생에 필요한 부분을 제외한 많은 몸 구조가 극도로 퇴화했다. 외골격은 내부가 거의 비쳐 보일 만큼 얇아 강인함과는 거리가 멀어 보이고 큰턱은 극도록 작게 변형돼 있어 무엇을 스스로 씹어 먹는 것이 거의 불가능하다.

박테리아로부터 자신을 보호하는 뒷가슴샘도 없으며 심지어 뇌와 게놈까지 퇴화했다. 단지 상대방의 몸에 붙어 있는데 필요한 발톱과 욕반, 그리고 산란을 해야 하기에 난소 정도만 발달해 있지, 생존에 아주 필수적인 것을 제외한 거의 모든 부분들이 빈약하다.

기생주름개미에서 나타나는 형태적 극단적 퇴화는 '영구 사회성 기생 증후군(inquiline syndrome)'이라고 한다. 극단적인 퇴화는 기생주름개미 뿐만 아니라 여러 영구 기생성 개미에게서 나타나며, 개미뿐만 아니라 기생 생물 전반에 걸쳐 발견되는 현상이다. 기생충들은 고도로 진화한 생물이 오히려 퇴화한 것처럼 보일 수 있음을 보여 준다. 영구 사회성 기생은 기생주름개미와 사례와 같이 생애 주기 전반에 걸쳐 둥지형성, 생존, 번식을 모두 숙주 개미에 의존하지만, 약탈 사회성 기생과는 달리 약탈이나 공격을 하지는 않는다.

대신 숙주 개미의 여왕개미와 더불어 살며 그들의 일개미들을 이용하는 생활사를 가진다. 영구 사회성 기생은 개미 여섯 개 아과에 걸쳐 약 100종의 개미에서 보이는 생활사이다.

남에게 기생하는 개미는 언제부터 생겨났을까?

개미의 사회성 기생은 개미 생명의 역사 여러 지점에서 독립적으로 나타났으며, 현재까지 알려진 1만 5천여 종의 개미 중 약 400종이 기생을 하는 것으로 밝혀졌다. 개미의 사회성 기생 유형은 위에 언급한 크게 세 가지로 나눌 수 있다.

① 약탈기생(사무라이개미)
② 임시 사회성 기생(가시개미와 황털개미)
③ 영구적 사회성 기생(기생주름개미)

이들 중 임시 사회성 기생을 하는 개미가 전체 사회성 기생 개미의 약 50퍼센트를 차지한다.

기생성 개미의 흥미로운 생활사는 다윈의 이목을 끌기에 충분했다. 그는 먹이 활동에 잡힌 유충이 우연히 잡아먹히지 않고 우화해 노동력을 제공하게 되며 약탈적 사회성 기생이 탄생하게 된 것이라고 생각했다.

다윈은 동시대의 개미학자 오귀스트 포렐(Auguste Forel)에게 보내는 편지에서 '사회성 기생 개미는 진화를 설명하는 데 있어 당혹스러운 케이스'라고 하며 이들의 생태를 설명하기 곤혹스러워했다. 진화론을 만든 위대한 생물학자 찰스 다윈에게도 사회성 개미의 존재는 충격적이고 놀라웠다.

개미의 사회성 기생의 기원은 현대에도 여전히 수많은 개미 연구자들의 큰 관심을 끌고 있다. 불개미속은 한 가지 속에 앞서 언급한 세 가지 기생 사례를 모두 가지고 있기에 사회성 기생의 기원 연구에 좋은 대상이다.

연구에 따르면 개미의 사회성 기생은 약 1천 8백만 년 전 출현했는데, 여왕개미가 스스로 군집을 만드는 능력의 상실과 깊은 관련이 있다. 불개미속 연구를 통해 과학자들은 일시적 사회성기생이 먼저 등장했고, 그 다음에 약탈 기생으로 이어졌다고 보고 있다.

개미의 사회성 기생을 중점적으로 연구한 크리스틴 레이블링(Christian Rabeling) 교수는 "흥미롭게도 사회적 기생에서 독립적인 군체 형성으로의 진화적 역전은 일어나지 않는 비가역적인 현상"이라고 밝혔다.[11] 한번 발을 들이면 뒤로 갈 수 없는 운명의 선택임에도 여러 개미 그룹에서 발견되는 것은 위험을 감수하고도 아주 성공적인 전략이라는 것을 방증한다.

1909년, 이탈리아의 곤충학자 카를로 에머리(Carlo Emery)는 기생에 있어서 진화적으로 중요한 발견을 한다. 지금까지 다룬 개미의 기생 사례를 복기해 보자. 곰개미(불개미속)에 기생하는 사무라이개미와 왕개미에 기생하는 가시개미(173쪽 그림 붉은색 사각 영역 참고), 고동털개미에 기생하는 황털개미와 민냄새개미, 주름개미에 기생하는 기생주름개미, 이들 모두 기생자와 숙주가 같은 분류학적으로 같은 속에 속하거나 매우 가까운 친척 관계다.

이는 '에머리 규칙(Emery's rule)'으로 명명돼 그 뒤로도 많은 곤충학자에 의해 연구된다. 이는 개미뿐만 아니라 다른 기생성 벌들에서도 볼 수 있는 현상이다. 에머리 규칙은 기생 생활사가 숙주 종 내에서 임의적 기생으로 시작한 다음 생식적으로 격리되며 동소적 종분화(지리적으로 동일한 지역에 서식하는 개체군에서 새로운 종이 진화되어 나타나는 현상)로 이어졌다는 가설이다.

최근의 계통분류 연구를 통해 에머리 규칙을 벗어나는 사례가 계속 발견되고는 있지만,[12] 적어도 느슨한 수준에서의 에머리 규칙은 여전히 존재하는 것으로 보인다.

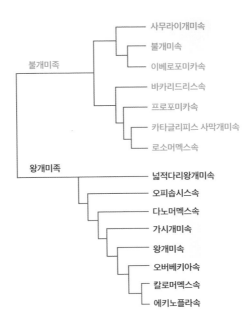

불개미아과의 진화 관계를 보여 주는 생명의 가지 일부 그림

약탈자 개미는 열대 지방에서는 살지 않는다?

기생하는 개미 사례는 흥미롭게도 고위도로 갈수록 많아진다.[13] 일반적으로 열대우림, 적도와 가까운 저위도에서 많은 종이 발견된 다는 점을 생각하면 사회성 기생 개미의 분포는 완전히 반대의 양상 을 띠는 셈이다. 기생주름개미를 발견한 스위스의 개미학자 하인리 히 커터는 스위스 개미의 약 30퍼센트가 사회성 기생 개미라는 것을 알아냈는데, 이는 당시 알려진 모든 사회성 기생 개미가 전체 개미의 약 2퍼센트였다는 점을 비춰볼 때 놀랍도록 많은 비율이다.[14] 반면 열대우림에서는 여전히 매우 적은 사회성 기생 사례가 기록돼 있다(남아메리카 1.1퍼센트, 아프리카와 마다가스카르 0.6퍼센트).[15] 사회성 기생 개미의 이런 독특한 분포 양상을 '커터-윌슨 역설(Kutter-Wilson Paradox)'이라고 부른다. 하인리히 커터는 이 현상을 열대우림이 상대적으로 북반구 고위도 지방에 비해 연구가 덜 되어 있기 때문에 생기는 표본 추출 편향을 반영하는 것으로 생각했다.

반면 에드워드 윌슨은 단순 표본 추출 편향이 아닌, 실제로 중고위도 온대지방에서 사회성 기생 개미가 많아지는 환경적 요인이 있다고 보았다. 이어진 연구들에 따르면 임시 사회성 기생 개미는 열대지방에서 더 발견된 바 있지만, 약탈 기생성 개미는 여전히 열대 지방에서 관찰되지 않았다. 이런 발견들은 고위도에서의 높은 사회성 기생 개미 밀도는 실제로 존재하는 생물 지리학적인 현상임을 뒷받침하고 있다.

지금까지 사회성 곤충 진화의 꽃이자 정점, 기생하는 개미들을 알아보았다. 개미는 모두 열심히 일한다고 생각했지만 우리는 이제 다른 개미에 기생하는 개미가 있다는 것을 알았다.

이들은 숙주 개미 집단을 약탈하거나 노예로 부리기도 하고 일시적, 또는 영구적으로 기생한다. 각각 사무라이개미, 가시개미, 기생주름개미의 사례로 알아보았다. 에머리 규칙을 통해 기생이 한 종에서 생식적 격리로 시작되었을 가능성, 그리고 고위도에서 사회성 기생 개미가 더 많이 발견되는 커터-윌슨 역설도 살펴보았다. 다른 개미들을 속이고 공격하며 자원을 갈취하는 모습을 보며, 우화 속 열심히 일하는 개미에 대한 동심이 깨졌을지도 모른다. 하지만 개미는 동시에 자연에서 그 누구보다 협력에 열려 있는 생물이다. 다음 장에서는 협력하는 개미들의 세계를 탐구해 보도록 하자.

7장

결국
이타적인
존재만이
살아남는다

공생하는 개미들

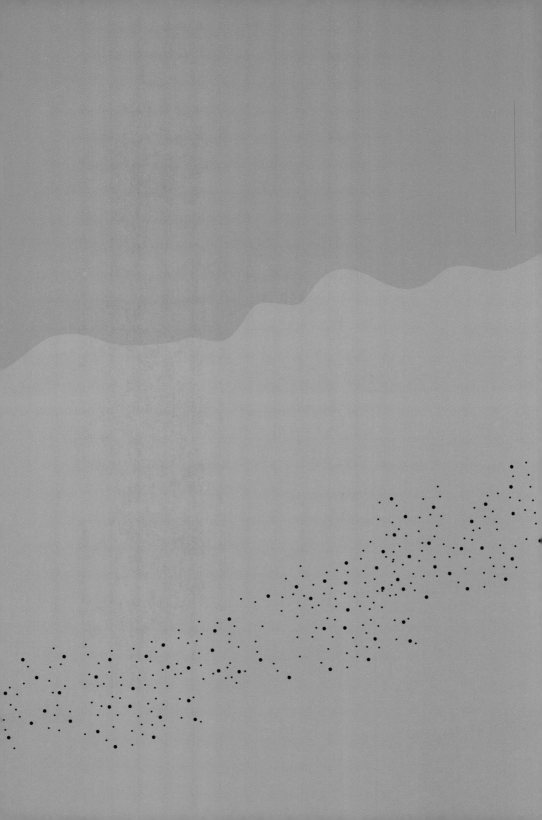

개미는
네트워킹의
달인이다

생명체의 공생 연구에 평생을 이바지한 미국의 저명한 진화생물학자 린 마굴리스(Lynn Margulis)는 생물에 대해 다음과 같이 얘기했다.

"생명체는 전투가 아닌 네트워킹으로 지구를 장악했다."

마굴리스는 '세포 내 공생설(symbiogenesis)'을 발견한 것으로 과학사에 큰 기여를 했다. 세포 내 공생설이란 우리 세포 내부에서 에너지 공장 역할을 하는 미토콘드리아가 사실 독립적으로 생활하던 원핵생물이었는데, 다른 원핵세포로 들어가 공생하며 진핵생물로 진화했다는 이론이다.

인간을 포함한 모든 진핵생물은 공생의 자손이다. 자연계의 많은 생물이 서로 협력한다는 사실은 이제 낯설지 않다. 굳이 매주 자연 다큐멘터리를 챙겨 보는 사람이 아니더라도 개미와 진딧물, 말미잘과 흰동가리, 악어와 악어새의 공생 관계를 한 번쯤은 들어 봤을 것이다.

살아남기 위한 협력은 세포 수준의 눈에 보이지 않는 아주 작은 세계에서부터 아프리카 초원을 누비는 거대한 동물까지 지구 전체에 퍼져 있는 성공적인 생존 전략이다. 우리 인간도 마찬가지다. 삼국지에서 수세적으로 불리했던 오나라와 촉나라가 연합군을 결성해 강력한 위나라를 쓰러뜨린 적벽대전은 스스로 적과 싸워 이기는 것만큼이나 협력하는 것의 중요성을 강조한다. 동서양을 막론하고 인류의 여러 고전에서 반복해서 강조하는 교훈이기도 하다. 아무리 강하다고 한들 여럿이 뭉치면 이겨낼 장사가 없다.

전략적 공생을 논하는 데 있어 개미를 말하지 않을 수 없다. 대부분 잘 알려진 공생 관계는 동물과 동물, 식물과 식물과 같이 같은 계(界, kingdom) 내에서 이루어지는데, 개미는 동물, 식물, 세균을 가리지 않고 '계'를 뛰어넘는 광범위하고도 *끈끈한* 협력 관계를 자랑한다. 개미와 식물은 서로 살아남기 위한 전략적 동맹 관계를 오랜 기간 잘 만들어 왔다.

보통 곤충과 식물의 공생 관계라고 한다면 곤충이 식물의 꽃가루를 옮겨 주는 일, 수정을 도와 주는 사례(화분 매개)가 널리 알려져 있다. 하지만 개미는 몸에 털이 적고, 자주 씻어 몸에 묻은 이물질을 제거한다. 게다가 개미의 뒷가슴샘 분비물이 꽃가루 생존에 부정적인 영향을 미치기에 개미가 나비나 벌과 같이 식물 수정에 적극적인 역할을 하지는 않는다.[1] 개미는 화분 매개 곤충처럼 식물 일생에 잠시 도움을 주고받고 헤어지는 것이 아닌, 아예 식물과 같이 동거를 하며 일생에 도움을 준다.

식물은 개미에게 먹이와 집을 제공해 준다. 그 보답으로 개미는 식물을 방어해 주고, 경쟁 식물을 제거해 줄 뿐만 아니라, 식물에게 직접적으로 질소를 제공해 주는 모습의 공생 사례가 가장 잘 알려져 있다.

식물뿐만 아니라 개미는 미생물과의 동맹 관계도 오래전부터 구축해 왔다. 효모와 균을 키워 먹는 농사를 지을 뿐만 아니라, 미생물을 이용해 집 구조를 튼튼하게 보강하고 먹이를 잡는 덫을 만들기도 한다. 여기서는 다른 생물과 더불어 살아가는 개미들을 알아보겠다.

보호세로 집을 내어주는 식물이 있다?

식물은 태생적으로 영양분을 섭취하는 방식이 동물에 비해 제한적이기 때문에 영양소가 부족하다. 영양분이 부족해도 고작 할 수 있는 것이라고는 최선을 다해서 뿌리를 뻗거나 몸의 방향을 살짝 뒤

트는 수밖에 없다. 따라서 다른 생물과 공생하며 질소 같은 영양소를 얻어가는 전략을 많이들 택하는데, 가장 잘 알려진 사례는 아마 뿌리혹박테리아와의 공생 사례일 것이다.

이들 뿌리혹박테리아는 식물 뿌리에 붙어살며 식물의 질소 고정을 돕는다. 어떤 식물들은 아예 박테리아 대신 개미를 몸 안으로 들이고 이들과 상생을 도모하는데, 바로 개미 식물(myrmecophytes)이다.

개미 식물들은 조직을 변형시켜 내부가 텅 빈 줄기나 열매와 비슷한 부분을 만들고 개미가 들어와 살게끔 한다. 집을 제공해 주는 것도 모자라서 개미가 먹기 쉬운 형태로 먹이까지 만들어 준다. 돼지고기는 몰라도 소고기를 사 준다면 한 번쯤 저의를 의심해 봐야 한다는 이야기가 있다. 하물며 집을 제공해 주는 것은 어떻겠는가?

공짜는 없다. 아무런 대가 없이 식물이 개미에게 집과 먹이를 제공하는 것이 아니다. 개미는 식물에게 자원을 받는 대가로 초식동물로부터 식물을 보호하고, 경쟁 식물을 제거하기도 하며, 더 중요하게는 질소 공급에 도움을 준다. 이런 공생 관계는 100개가 넘는 식물 속에서 독립적으로 진화한 성공적인 생존 전략이다.

개미는 맞춤 케어 서비스 전문가다

직접 가 본적이 없더라도 열대 정글을 머릿속에 그려볼 수 있을 것이다. 수많은 새 소리가 들리는 정글을 상상해 보자. 커다란 나무들 사이로 무언가 빨갛고 노란 손바닥만한 꽃들이 바닥에 펴 있고, 그 옆에는 고사리 같은 식물, 그 옆에는 덤불도 있을 것이다.

조금 뒤에는 사람보다 큰 커다란 소철도 있을 것이고 그 아래 여러 연두색으로 빛나는 새싹들이 갓 세상에 나와 무럭무럭 자라는, 다양한 종류의 식물로 가득한 정글이 떠오를 것이다. 서울 도심 한가운데 위치한 종로 탑골공원에만 해도 약 30종의 나무가 살고 있다고 하는데,[2] 아마존 정글에는 얼마나 다양한 식물이 있을까 싶다. 이런 깊은 정글에 단 한 종의 나무로 구성된 숲이 있다면 꽤 어색하지 않겠는가?

그런데 600그루 이상의 단일 나무 종으로만 구성된 숲이 남아메리카 아마존 곳곳에서 발견됐다. 이것은 '악마의 정원(devil's garden)'이라고 이름 붙여지며 많은 사람들의 관심을 끌었는데, 현지인들이 초자연현상이라고 믿었을 정도로 과학자가 아닌 사람들에게도 흥미로운 현상이었다.

과학자들은 처음에 화학물질에 의한 현상이라고 예상했다. 하지만 곧 거대한 악마의 정원을 만드는 주체는 4밀리미터가 되지 않는 작은 개미, 레몬개미(*Myrmelachista schumanni*)로 밝혀졌다.

레몬개미는 나무 속에 산다. 나무는 다른 개미 식물과 마찬가지로 줄기 내부 공간에 레몬개미들을 들이고 개미가 먹기 좋은 형태로 당분을 제공해 준다. 개미는 식물에게서 집을 제공받는 대신, 그들이

가진 강력한 독침을 이용해 나무를 먹으려는 초식동물들을 방어해
준다. 개미가 제공해 주는 '식물 맞춤 케어 서비스'는 이 뿐만이 아니
다. 레몬개미가 살고 있는 나무를 타고 올려오려는 덩굴 식물이나
주변에 자라는 잠재적인 경쟁 식물의 새싹에 독을 주입해서 경쟁자
들을 제거한다. 아마존 숲 속에 한 종으로 구성된 나무가 존재할 수
있는 이유다.

개미와 식물의
끈끈한
동맹

어느 날 페루 이키토스에서 해가 진 뒤 총알개미집을 파헤치고 있었다. 슈미트 박사와 같이 '불에 달군 못 위를 맨발로 걷는 기분(23쪽 참고)'을 굳이 느끼고 싶지 않았기에 최대한 일에 집중하고 있었는데, 머리부터 조금씩 따끔거리더니 어깨까지 따가움이 점점 심해졌다. 그냥 무시하기에는 통증이 더욱 커져서 어깨를 쓸어 보니 여러 마리의 개미가 몸을 물어뜯고 있었다.

그런데 뭔가 이상했다. 개미는 보통 땅에 살기 때문에 다리부터 타고 올라오며 물어뜯는데, 어떻게 머리부터 붙어서 공격할까 싶어서 고개를 위로 올렸다. 헤드랜턴에 비쳐 보였던 것은 나무 위에서 떨어지고 있는 수많은 아즈텍개미였다. 그들은 마치 특수부대가 공

트럼펫나무 줄기 속에 둥지를 만든 아즈텍개미(*Azteca alfari*)

습하듯 높은 나무 위에서 몸을 던져 비교적 정확히 몸에 착지해 사정없이 피부를 물어뜯었다.

그들이 말 그대로 몸은 던지면서까지 지키고 싶었던 것은 그들이 살고 있는 나무였다. 아즈텍개미는 세크로피아속(*Cecropia*) 나무, 트럼펫나무와 영구적으로 공생하며 살아간다.

다른 공생 개미와 마찬가지로 이들은 나무 속에 들어가 살며 나무가 제공해 주는 보금자리와 먹이를 누리고, 대신 식물을 적극적으로 보호한다. 심지어 아즈텍개미는 그들의 집이자 먹이 공급처인 식물이 상처를 입으면 복구도 한다.

아즈텍개미가 살고 있는 트럼펫나무에 구멍이 나면 개미들은 즉시 식물섬유와 수액으로 추정되는 액체를 배합해 마치 본드처럼 구멍을 막는다. 긴급조치는 보통 구멍이 발생한 지 24시간 이내에 마

식물 줄기 속으로 들어가고 있는 큰눈나무개미(*Pseudomyrmex*)의 여왕개미

촬영지: 페루

무리된다.[3]

페루에서 조심해야 했던 것은 하늘뿐만이 아니었다. 개미를 보러 갔을 때 가장 조심하게 했던 것은 모순적이게도 개미였다. 페루에서 개미 탐사를 할 때 현지 정글 가이드와 함께 동행했는데, 그는 내게 나무에 있는 불개미를 조심해야 한다고 했다.

불개미(Fire ant, 여기서의 불개미는 불개미아과의 불개미와 다른 존재이다)라고 하면 한국과 일본에도 유입돼 살인불개미라는 무시무시한 별명까지 얻으며 언론까지 나왔던 유명인사다. 원래 알던 상식에 따르면 불개 미는 분명 땅에 집을 짓는데 나무를 조심하라는 것이 의아했다. 이 들 현지인들이 부르는 불개미는 우리가 아는 불개미가 아니라 큰눈 나무개미(*Pseudomyrmex*) 개미였다.

이들을 왜 조심해야 하는지는 무심코 손으로 디딘 나무에서 쏟아저 나오는 그들에게 쏘이고 난 뒤였다. 이들 큰눈나무개미 역시 아 카시아나무 줄기 안쪽의 빈 공간에 집을 짓고, 나무가 제공해 주는 먹이를 손쉽게 먹는 대신 식물을 보호하는 동맹 관계를 맺고 있다.

작디 작은 개미가 큰 초식동물을 지키면 얼마나 잘 지키겠나 생각 했었는데, 쏘여 보니 생각이 바뀌었다. 그들은 훌륭한 초병이다. 큰 눈나무개미에 쏘이면 불에 댄 것처럼 한동안 얼얼했다.

레몬개미, 아즈텍개미, 큰눈나무개미의 사례와 같이 적극적으로 공생하는 식물은 대개 열대지방에서 발견되는데, 남미에서만 최소 379종이 알려져 있다.[4]

누이 좋고 매부 좋은 식충식물과의 협력 관계

네펜데스는 함정 모양으로 변형된 잎에 빠지는 곤충을 잡아먹는 식충식물의 일종이다. 주머니 모양으로 변형된 매끄러운 잎 안쪽에 는 소화액으로 가득 차 있어 곤충이 일단 함정 안에 빠지면 속절없 이 식물의 먹이가 되고 만다. 식충 식물 그 자체도 신기한 일인데, 인도네시아 보르네오의 숲에 사는 식충식물, 네펜데스 바이칼카라 타(*Nepenthes bicalcarata*)라는 종은 한술 더 떠 개미와 공생까지 한다는 점 에서 독특하다.

슈미츠왕개미(*Colobopsis schmitzi*)는 이 식충식물의 덩굴손 내부 공간에서 자라면서 식충식물이 제공해 주는 단물을 먹는다. 이들은 매끄러운 네펜데스 주머니 안쪽을 걸어 다닐 수 있고 소화액에 빠져도 헤엄쳐 나올 수 있는 능력을 가지고 있다.[5,6] 이런 능력을 이용해 슈미츠왕개미는 네펜데스에 빠져 죽은 곤충들을 쉽게 건져 올려 먹이로 삼는다. 식충식물의 함정에 먹이가 많이 잡히면 잡힐수록 개미에게 이득이기에 슈미츠왕개미는 주기적으로 네펜데스 함정 입구를 청소하며 매끄럽게 만들어 포획 효율을 높여 준다.

　최근의 연구에 의하면, 개미가 자라고 있는 식충식물은 개미가 없는 식충식물에 비해 체내 질소 함유량이 높은데, 이것이 함정에 잡힌 먹이로부터 흡수하는 것보다, 개미를 돕고 개미로부터 영양분을 공급받는 것이 더 효율적이라는 것을 보여 준다.[7] 움직임의 제약으로 인해 고질적인 질소 부족에 시달리는 식물들은 질소를 확보하기 위해 다양한 전략을 만들어 냈는데, 이 식충식물은 곤충을 잡아먹으며 개미와 공생까지 하는 이중 전략을 취한다. 개미와 식물의 공생이 어느 정도까지 정교화될 수 있는지를 보여 주는 환상적인 공생 사례다.

그 개미는 왜
정원을
가꿀까?

    생물 성공의 큰 척도 중에서 하나는 자손을 성공적으로 남기는 것이다. 여기에는 많은 요소들이 고려돼야 한다. 좁은 서식지에 너무 많은 개체수가 모이게 되면 서식지의 먹이 경쟁이 심화될 것이기 때문에 최대한 넓게 분산시키는 것이 일반적으로 유리할 것이다.

    동물의 경우는 스스로 움직일 수 있기 때문에 대개 큰 문제가 되지 않지만, 식물의 경우는 극복해야 할 문제다. 그렇기 때문에 식물들은 씨앗을 멀리 분산시키기 위한 여러 전략들을 사용한다. 바람을 이용하는 식물, 물을 이용하는 식물, 씨앗을 폭파시키듯 흩뿌려 멀리 보내는 식물, 동물의 몸에 씨앗을 붙이는 식물, 새를 이용하는 식물 등등 저마다 독특한 방법들을 발달시켜 왔다. 식물은 종자 확산의 주된

파트너로 개미를 택했다. 개미는 종자식물의 번성과 함께 지구에 퍼진 만큼, 아주 많은 식물이 개미에 종자 분산을 의존한다.

깽깽이풀이라는 식물이 있다. 이 속에는 전 세계적으로 단 두 종만이 속해 있는데, 그중 한 종이 우리나라에 살고 있다. 깽깽이풀이라는 이름의 유래에는 몇 개의 설이 있다. 하나는 이 식물의 꽃이 가상의 선을 따라 산발적으로 피어나기에 마치 사람이 한 발을 들고 뛰는 것 같아 이름이 붙여졌다는 설이다. 만약 이것이 사실이라면 이 이름의 유래는 개미와 관련이 깊다.

깽깽이풀은 씨앗 한쪽에 엘라이오좀이라고 불리는 개미가 좋아하는 지방 덩어리를 만든다. 이 기름진 덩어리는 지방, 단백질, 비타민 등 영양분이 아주 풍부해 개미들이 발견하면 집으로 옮긴다. 개미가 관심 있는 것은 엘라이오좀이지 씨앗이 아니기 때문에, 집으로 옮긴 씨앗에서 엘라이오좀만 떼어먹고 관심 없는 씨앗 부분은 개미집 밖으로 버린다. 심지어 옮기는 과정에서 씨앗을 떨어뜨리기도 한다. 깽깽이풀은 그렇게 버려진 씨앗들에서 무더기로 피어났고, 그 특징을 누군가 재밌게 여겼나 보다.

개미는 씨뿌리기 달인이다

깽깽이풀 말고도 제비꽃이나 애기똥풀 등 우리나라에 사는 많은

열심히 씨앗을 옮기는 중인 왕개미(*Camponotus erinaceus*)

촬영지: 케냐 나이바샤

식물들이 엘라이오좀을 만들어 내고 개미를 씨앗 확산에 이용한다. 이런 방식으로 씨앗을 옮기는 식물은 전 세계적으로 약 3천 종이 기록돼 있는데, 미국 동부지역에서 진행된 연구에 따르면 봄에 꽃이 피는 초본식물 확산의 30퍼센트 이상이 개미에 의해 분산된다고 한다.[8] 초원의 식물들이 택한 개미 매개 분산은 두마디개미아과로 하여금 건조한 곳에 적응할 수 있게 했고, 그들의 다양성이 폭발적으로 증가하는데 기여했다고 앞에서 이미 언급한 바 있다(65쪽 참고).

개미에 의한 씨앗 분산은 식물의 계통수상 여러 과에서 독립적으로 진화했으며, 과학자들은 이를 척박한 환경에서 종자 확산을 위한 수렴 진화의 결과로 보고 있다.[9] 이 상호작용은 아주 견고하게 오랜 시간 지속되었기 때문에, 개미 집단의 크기가 변하면 식물 집단도 직접적인 영향을 받을 수 있다. 예를 들어, 대표적인 침입교란종

씨앗을 문 채 이동하는 짱구개미(*Messor aciculatus*)

촬영지: 한국 마라도

인 아르헨티나 개미가 한 지역에 유입될 경우 토종 개미 개체군의 생태에 큰 영향을 미치며, 토종 개미가 씨앗을 옮기지 않는 아르헨티나 개미로 대체되면 그 지역의 식물들은 생존을 위협받을 수 있다.

개미를 프로 정원사라고 부르는 이유

열대지방의 나무 줄기에 붙어 살며 빗물에서 영양분을 얻는 착생 식물들은 땅에 뿌리를 내린 식물들보다 질소를 얻기가 힘들다. 식물은 개미에게 씨앗 분산 뿐만 아니라 아예 자신들이 살아갈 공간을 만들어 달라고 요구했다. 이들 기생성 개미식물들은 씨앗에서 개미를 불러모으는 화학 물질(살리실산메틸, methyl salicylate)을 내뿜는다.[10]

아즈텍개미가 만든 개미 정원

촬영지: 페루

이에 모여든 개미들이 식물 쓰레기, 개미 배설물, 나뭇가지 파편, 흙 등을 모아 식물을 배양할 일종의 화분, '개미 정원'을 만들고 거기에 씨앗을 심어 식물을 키운다.

열대 아시아나 중남미에 사는 꼬리치레개미, 아즈텍개미, 시베리아개미, 왕개미 등이 대표적인 정원 관리사다. 무럭무럭 자라는 식물의 뿌리는 개미집의 철근 역할을 해 구석구석 개미들이 살 공간을 만들어 준다. 열대 아시아에 사는 왕개미 일종(*Camponotus irritabilis*)은 식물이 효율적으로 뿌리를 내릴 공간을 만들기 위해 개미들이 식물 뿌리를 가지치기를 하며 비료도 뿌린다.[11] 개미들이 먹고 남은 질소가 풍부한 먹이들은 그대로 식물이 흡수한다.

식물은 개미들에게 엘라이오좀을 제공하거나 꿀샘을 통해 신선한 먹이를 직송으로 건네 준다. 남미에 사는 레비오 꼬리치레개미

서로 개미 정원을 공유하는 레비오 꼬리치레개미와 페모라투스 왕개미

촬영지: 페루

(*Crematogaster levior*)와 페모라투스 왕개미(*Camponotus femoratus*)는 서로 같은 개미 정원을 공유하는 공생 개미 왕국을 만든다. 이들은 개미에서는 보기 드문, 서로가 없으면 살 수 없는 개미 끼리의 의무적 공생 관계다. 이 공생 관계에서 왕개미는 개미 정원 건설을 담당하고 개미식물을 방어하는 대신 꼬리치레개미는 먹이 찾기에 적극적으로 관여한다.[12]

최초의 농부는
사실
개미다

공부를 위해 떠난 독일에 도착하자마자 눈에 들어온 것은 프랑크
푸르트 중앙역에서 맥주를 들고 있는 사람들의 무리(그들은 어디서나
맥주를 마시고 있다. 심지어 기차 안에서도)와, 아침 거리를 가득 채운 고소
한 빵 냄새였다.

이런 빵과 맥주를 만들기 위해서는 효모가 필수이다. 인류는 수
천 년간 균류의 일종인 효모를 이용해 왔으며, 균류의 또 다른 일종
인 버섯도 마찬가지다. 1600년대 경에 프랑스에서 시작된 것으로 알
려진 버섯 재배는 최근 들어 영양학적인 가치뿐만 아니라 다른 농업
방식에 비해 탄소배출량이 현저히 적다는 점에서도 주목받고 있다.

균류의 맛에 눈을 뜬 생물은 비단 사람만이 아니다. 개미는 인간

효모를 사육하는 버섯개미(*Cyphomyrmex rixosus*)

보다 훨씬 오래전부터 균을 이용해 왔다. 균을 직접 먹는 동물은 개미 말고도 많기 때문에 그렇게 놀랄 만한 일이 아니다. 비 온 뒤 숲속에 피어나는 말랑말랑한 버섯은 여러 생물이 탐내는 식량이다. 그러나 개미는 자연에서 균을 채집해 먹는 것에 그치지 않고 균을 재배해 먹는다. 즉, 사람처럼 농사를 짓는다는 점에서 주목할 만하다.

농사가 인간의 전유물이라 생각했다면 오산이다. 인류가 농사를 지어 온 역사는 약 1만 2천 년에 불과하지만, 잎꾼개미 무리들은 무려 약 6천만 년 동안 농사를 지어 왔다.[13] 공룡을 멸종시킨 운석 충돌로 지구가 먼지로 뒤덮이고 광합성이 어려웠던 식물들이 정체기를 겪는 동안 균류는 빠르게 확산했다. 이때부터 개미는 본격적으로 균류를 이용하기 시작했다.[14]

물론 이들이 재배하는 버섯은 보다 정확히 말하자면 담자균의 일

잎을 자르고 옮기는 잎꾼개미(*Acromyrmex octospinosus*)

촬영지: 페루

종이다. 우리가 일반적으로 버섯이라고 부르는 것들은 담자균의 일부일 뿐이기에 개미가 재배하는 담자균을 모두 버섯이라고 할 수는 없으나, 이해를 돕기 위해 여기서는 이를 모두 버섯이라 부르겠다.

잎꾼개미는 약 스무 개 개미속을 포함하는 두마디개미아과에 속하는 개미 무리로, 중남아메리카 지역에서만 발견된다. 썩은 잎을 물어다가 균을 재배하는 비교적 원시적인 잎꾼개미부터 살아 있는 식물을 잘라 집으로 가져와 공장처럼 처리하는 최근의 잎꾼개미까지, 이들은 인간보다 훨씬 이전에 농업이라는 생태 혁신을 이루어 냈다.

생물에 관심이 있는 사람이라면 잎꾼개미가 이파리를 잘라 일렬로 걸어 가는 사진이나 동영상을 본 적이 있을 것이다. 2020년 페루에 갔을 때 보고 싶었던 개미들이 많았지만, 그중에서도 가장 보고 싶었던 개미 중 하나가 바로 이 잎꾼개미였다.

페루에 도착하기 전까지는 정글을 헤매다가 힘들게 잎꾼개미를 발견하고 기쁨에 겨워하는 장면을 상상했지만, 도착하자마자 숙소 옆에서 바로 볼 수 있어 약간 허탈했다(실제로 잎꾼개미는 인간이 개발한 지역에서 더 쉽게 발견되기도 한다). 그래도 수많은 잎꾼개미 일개미가 초록색 잎을 잘라 물고 나르는 모습은 지금도 머릿속에서 선명하게 떠오른다.

잎꾼개미 일개미는 예리한 큰턱으로 식물의 잎을 오려 집으로 운반한다. 이들의 큰턱에는 금속성 아연 이온이 단백질과 함께 특정한 배열을 이루고 있어 큰턱을 오랫동안 매우 날카롭게 유지할 수 있다.[15] 그러나 아무리 날카롭고 코팅이 잘된 칼도 오래 쓰면 점차 무뎌지듯 이들의 천연 가위도 시간이 지나며 마모된다. 나이가 들면서 큰턱이 마모된 일개미는 자연스럽게 잎을 자르는 일에서 잎을 운반하는 일로 업무를 전환한다.[16] 거대한 잎꾼개미 군집은 하루에 커다란 나무 한 그루의 잎을 모두 없앨 수 있을 정도로 엄청난 양의 잎을 수집한다. 이들은 나뭇잎, 꽃잎 등 식물 조직을 예리하게 잘 잘라내어 행렬을 이루며 집으로 운반하는데, 이 행렬은 약 10미터에서 최대 100미터에 달하며 멀리서 보면 수백, 수천 마리의 잎꾼개미가 만드는 녹색 띠가 넘실거리는 것처럼 보인다.

잎꾼개미는 식물을 운반할 때 더 효율적으로 작업하기 위해 주기적으로 낙엽과 물건을 치워 고속도로를 만든다. 정돈된 길을 통한 채집 효율은 일반적인 길에 비해 네 배에서 열 배가량 더 높다.[17] 아타 라이베가타 같은 일부 잎꾼개미는 지하에 '하이퍼루프' 같은 고속도로를 건설해 잎을 더 효율적으로 운반하기도 한다.

잎꾼개미 일개미는 몸무게의 최대 50배에 다다르는 잎 조각을 옮길 수 있다. 이는 몸무게가 75킬로그램인 사람이 3,750킬로그램을 들 수 있는 힘으로, 현대 펠리세이드 자동차 두 대를 들고 우사인 볼트의 속도로 뛸 수 있을 정도의 놀라운 힘이다.

파워리프팅 종목에서는 스쿼트, 벤치프레스, 데드리프트 등 3대 운동으로 힘을 가늠하곤 한다. 자료에 따르면 약 70킬로그램 체중인 성인 남성의 평균은 3대 180이라고 하고, 기네스 기록은 약 1,500킬로그램이라고 하는데, 잎꾼개미는 사람으로 치면 무려 1대 3,750킬로그램이라는 경이로운 기록의 소유자다. 이렇게 잘라 온 이파리는 잎꾼개미의 집 안으로 차곡차곡 옮겨진다.

거대 버섯 농장을 경영하는 대표 농사꾼

잎꾼개미의 집은 인간이 만든 그 어떤 거대 건축물과 비교해도 절대 뒤지지 않는 거대한 크기를 자랑한다. 성숙한 아타 잎꾼개미(*Atta spp.*)의 집은 면적 600제곱미터, 깊이가 아래로 무려 7~8미터까지 뻗을 수 있다.[18]

아타 잎꾼개미의 경우 집을 만들며 퍼내는 흙의 양이 40톤에 이른다. 이렇게 거대한 지하 왕국의 특성상 공기 순환이 잘 되지 않으면 수많은 주민이 땅속에서 통째로 전멸할 위험이 있다. 이들은 환기를 위해 수백 개의 구멍을 뚫고 주변을 포탑 모양으로 쌓아 올린다.

개미집 안은 대개 썩고 있는 유기물로 인해 온도가 높은데, 온도가 높아진 공기가 탑을 통해 자연스럽게 나가고, 그 빈 공간으로 신선한 공기가 들어가며 공기가 순환된다. 이 환기 구조는 면적이 넓은 곳에서 좁은 곳으로 흐를 때 유속이 빨라지는 베르누이의 원리가 반영된 과학적인 환기 시스템이다.[19,20]

집 안을 자세히 살펴보면, 도무지 같은 종이라고 믿기 어려울 정도로 작은 일개미들이 존재한다. 잎꾼개미 일개미들의 몸 크기는 저마다 아주 다른데, 크기가 다른 일개미들은 각자 다른 역할을 맡고 있다. 커다란 일개미들은 집을 보호한다. 작은 일개미들은 집 안에서 다른 일개미가 들고 온 이파리를 잘게 쪼개고 씹고 배설물과 섞어 버섯을 배양할 농장의 토대를 만든다. 잎꾼개미 배설물에 포함된 여

잎꾼개미(*Atta sexdens*)의 집(커다란 여왕개미와 크기가 각각 다른 일개미의 모습)

촬영지: 페루

러 단백질 분해 효소와 아미노산은 버섯이 농장에 더 잘 착생하도록 돕는다.[21,22] 여러 일개미들이 협업해서 만든 자연산 배지에 그들은 버섯 종균을 배양한다.

여러 종류의 잎꾼개미는 공통적으로 갓버섯과(Lepiotaceae)에 속하는 담자균을 키운다. 결혼비행을 위해 집 밖으로 나오는 잎꾼개미 공주들은 앞으로 거대한 농장이 될 버섯의 씨앗을 마치 문익점처럼 들고 나온다. 그들은 성공적으로 땅에 보금자리를 만들고 삼키고 있던 버섯 씨앗을 뱉어내며 재배를 시작한다.

이 버섯들은 개미가 먹기 좋은 형태로 변형된 공길리디아(gongylidia)라는 동글동글한 조직을 만들고, 이 공길리디아가 서로 뭉쳐 포도송이 같은 스타필레(staphylae)를 만든다. 스타필레에는 개미에게 도움이 되는 아미노산을 포함한 영양분이 아주 적절히 배합되어 있는 일종의 슈퍼 푸드다.

일개미는 스타필레 이외의 먹이도 먹으며 살아가지만, 잎꾼개미의 애벌레는 스타필레만 먹고 살아간다. 잎꾼개미는 버섯 재배를 시작한 이후 아미노산의 일종인 아르기닌을 만드는 능력을 상실했고, 아르기닌을 얻기 위해 농사를 계속해서 지을 수밖에 없는, 되돌아갈 수 없는 진화의 다리를 건넜다.[23] 균 입장에서도 개미 입장에서도 서로가 없으면 살아갈 수 없는 존재가 됐다.

6천 만 년가량 된 동거의 시간을 생각해 보면 이들 버섯이 이제 더 이상 개미집 밖에서 야생으로 발견되지 않는다는 것은 놀랄 일이 아니다. 적어도 최근에 분화한 고등 잎꾼개미들이 재배하는 버섯은 개미에 매우 의존적으로, 수직적으로 전파되기 때문에 유전적 다양성이 상대적으로 낮다. 그렇기에 개미 스스로를 위해서라도, 그들이 재배하는 버섯을 위해서라도 잎꾼개미는 필연적으로 더 발달된 항균 및 위생 체계를 가져야 했다.

버섯 농장은 오염에 취약하다. 특히 습도가 높고 어두운 개미집에서 그들이 원하는 버섯만 선별 재배하기란 매우 어려운 일이다. 생명과학 실험을 해 본 사람이라면, 아무리 손을 씻고 무균대에서 작업을 한다고 해도 그닥 반갑지 않은 세균이 배지에서 무럭무럭 자라는 모습을 본 적 있을 것이다. 그런 대참사를 방지하기 위해 잎꾼개미들은 그들의 농장을 pH5 정도의 산성으로 유지한다.[24] 뒷가슴샘 분비물의 역할이기도 하다.

그렇게 대비를 해도 자칫 잘못하면 버섯 농장에 병균이 퍼진다. 농사를 망치는 대표적인 병충해로는 자낭균에 속하는 에스코봅시스 곰팡이(*Escovopsis*)가 있는데, 이들은 지독하게도 잎꾼개미가 잘 가꿔 둔 버섯 농장만을 노린다. 이 곰팡이를 방지하는 데 개미 몸에 살고 있는 박테리아가 만드는 항생제가 큰 역할을 한다.

큰 일개미들이 옮겨온 이파리를 집 안의 작은 일개미들이 씹으며 항생 물질을 처리한다. 이 항생 물질은 농장에서 개미가 키우는 균 이외에 다른 균이 자라는 것을 방지해 일종의 잡초를 제거하는 제초제 역할이라고 볼 수 있다.

잎꾼개미의의 항생 물질들은 항생제 개발에 큰 도움을 주고 있다. 앞서 언급한 효모를 키우는 버섯개미(*Cyphomyrmex*)의 공생 박테리아에서 추출된 사이포마이신이라는 항생제는 약물 내성 박테리아 여러 종에 큰 효과가 있고 심지어 부작용이 없다고 알려졌다.[25] 천연 방부제까지 처리됐겠다, 잎꾼개미의 농장은 점점 기능을 하기 시작한다. 잎꾼개미는 자신이 필요로 하지 않는 버섯을 찾아 낼 수 있는 능력이 있고 여러 단계로 대비를 하고 있지만, 그럼에도 속수무책으로 세균이 퍼지면 신선한 버섯을 챙겨 군락을 옮긴다.

휠도블러와 윌슨은 잎꾼개미를 '궁극의 초유기체'라고 불렀다. 잎꾼개미의 농사를 짓는 생태를 중심으로 한 그들의 복잡한 사회성, 현란한 건축 기술, 주변 생물과의 관계는 잎꾼개미를 한층 더 특별하게 한다는 것에 이견이 없을 것이다.

개미와
식물과
곰팡이의 삼각관계

　아마존 열대우림 중심부, 우뚝 솟은 나무들과 무성한 덤불 사이에는 흥미로운 개미 종인 남미함정개미(*Allomerus* spp.)가 살고 있다. 몸길이가 1.5밀리미터 남짓이라 잘 보이지도 않는다. 예전에 살이 따끔따끔하기에 자세히 보니 개미가 팔에 붙어 쏘고 있어서 그제서야 이들을 존재를 알아차렸을 정도다.

　이 작지만 영리한 개미는 아마존 한가운데에서 아주 독특한 생태 틈새를 개척해 냈다. 전에 이야기했던 개미식물의 사례와 같이 함정개미는 개미식물의 빈 줄기 안에 집을 짓는다. 여느 개미와 식물의 공생같이 이 혜택은 일방적이지 않다. 식물은 개미에게 안전한 보금자리를 제공하고 그 대가로 개미는 숙주를 경계하는 수호자가 된다.

남미함정개미가 공생하는 식물

여기까지는 이전 장에서 언급했던 개미와 개미식물과의 공생 관계와 크게 다르지 않다.

함정개미를 특별하게 만드는 것은 어디서도 볼 수 없는 아주 독창적이고 영리한 사냥 전략이다. 이들은 캐토티리움목(Chaetothyriales)에 속하는 특정한 곰팡이 종을 이용해 식물의 줄기 표면에 함정을 만든다. 식물의 잔가시들을 자르고 그것을 기둥삼아 식물 표면에 균을 키워 얼기설기 얽힌 그물 모양의 함정을 만든다. 개미들은 이 함정의 작은 구멍들 아래에 숨어서 먹잇감이 지나가기를 기다린다.

먹이가 되는 곤충들 입장에서는 함정 밑에 숨어 있는 개미를 눈치챌 수 없으므로 전혀 경계를 하지 않고 함정 위에 안착하게 된다. 먹잇감이 함정에 발을 내딛으면 여러 마리의 개미들이 기다렸다는 듯이 재빨리 다리나 더듬이를 붙잡아 강한 힘으로 먹잇감을 잡아당긴

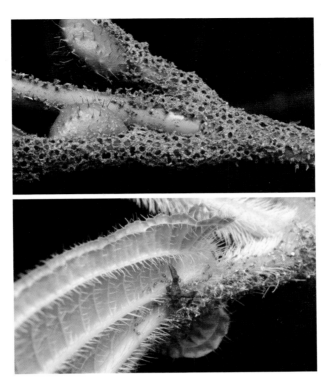

남미함정개미(*Allomerus octoarticulatus*)의 함정(위)과 곤충을 사냥하는 모습(아래)

촬영지: 페루

다. 이어서 개미는 페로몬을 내뿜어 더 많은 동료들을 불러 모으고 먹잇감을 사방으로 붙든 채 독침으로 제압한다.

　이런 협력 사냥 기술 덕분에 개미들은 자신보다 몸집이 훨씬 큰 먹 잇감도 제압할 수 있다. 개미와 식물의 상리 공생에 더해 함정 건설 을 위한 곰팡이를 배양하는 '3계 공생 관계'는 아마존 열대우림에서 오랜 시간에 걸쳐 진화해 온 생태계 상호작용을 잘 보여 준다.

깍지벌레를 관리하는 깍지개미(*Acropyga* sp.)

촬영지: 인도네시아 술라웨시

2천만 년의 역사를 이어온 목축의 민족

노예를 부리는 개미와 농사를 짓는 개미에 비하면 이번에 다룰 목축하는 개미는 조금 익숙할지도 모르겠다. 개미와 진딧물의 공생 사례는 교과서에서 흔히 나올 정도로 보다 잘 알려져 있기 때문이다. 집 근처에 있는 장미과 식물의 끄트머리를 자세히 관찰해 보자. 어렵지 않게 진딧물 무리와 그 주변을 걸어 다니고 있는 개미를 발견할 수 있을 것이다. 개미는 진딧물을 무당벌레와 같은 포식자로부터 보호해 주고, 진딧물은 그 대가로 당분이 잔뜩 들어 있는 분비물을 개미에게 준다.

자신보다 두세 배는 몸집이 큰 무당벌레와 싸워서 얻어내는 것이 고작 진딧물의 오줌이라니 영 매력적으로 들리지는 않지만, 노린재의 감로는 개미뿐만 아니라 도마뱀, 벌, 새 등 여러 동물들이 탐내는 멋진 먹이다. 개미는 이런 전략적 공생 관계를 진딧물뿐만 아니라 노린재목에 속하는 여러 곤충들과 전방위로 맺고 있다. 단순히 달콤한 분비물을 채취하는 형식부터 가축을 키우는 것처럼 개미가 적극적으로 곤충들을 이동시키고 분비선을 자극시켜 더 많은 감로 배출을 유도하는 등 보다 정교하게 목축을 하기도 한다.[26]

잎꾼개미가 개미 사회의 대표적인 농부라면, 지금부터 소개할 깍지개미는 대표적인 목축 개미라고 할 수 있겠다. 깍지개미는 전 세계의 열대, 온대지역에 살고 있는 3밀리미터가량의 노란색 작은 개미다. 우리나라에도 비교적 최근 부산에서 발견된 적이 있다. 이들은 집 안에서 깍지벌레를 키우며 그들이 배출하는 감로를 먹고 사는데, 조금 얻어먹는 정도가 아니라 아예 깍지벌레의 감로를 주식으로 삼는다.

잎꾼개미와 곰팡이의 관계와 같이, 깍지벌레와 깍지개미 서로의 존재는 각자 생존에 필수적인 절대적 공생 관계이다. 이런 생태 덕분에 깍지개미는 밖에서 먹이 활동을 할 필요가 없다. 아주 작은 눈, 색소가 결핍된 연한 몸 등 동굴 생물들이 가지는 특징을 가지는 것도 이런 이유 때문일 것이다. 심지어 어떤 깍지개미는 빛을 무서워한다.[27]

이들의 동거 역사는 꽤 오랜 기간을 거슬러 올라간다. 도미니카에서 발견된 깍지개미가 깍지벌레를 입으로 물고 있는 화석은 이들이 같이 살아온 역사가 무려 최소 약 2천만 년이라는 것을 보여 준다.[28] 이렇게 오랫동안 서로의 존재에 의존해 왔기에, 개미집 밖에서는 깍지개미의 공생 깍지벌레 무리를 더 이상 찾아볼 수 없다.

자연에서 깍지벌레를 채집할 수 없다면, 이 오랜 깍지벌레 목축의 역사는 어떻게 유지될 수 있었을까? 깍지개미의 공주개미는 원래 집에서 분가해서 나올 때 집에 있던 깍지벌레 한 마리를 입으로 물고 나와 새로운 목장을 만든다. 이를 영양이동이라고 한다.[29] 이는 절대적 공생체를 가지는 개미들이 널리 가지고 있는 전략인데, 깍지벌레를 키우는 구대륙큰눈나무개미(Tetraponera)의 공주개미는 분가해서 나올 때 약 32시간 정도까지 깍지벌레를 물고 있을 수 있다.[30] 치과에서 30분 정도 입 벌리고 있는 것도 힘든데 대단한 능력이다. 이는 잎꾼개미의 공주개미가 분가할 때 새로 키울 버섯의 씨앗을 물고 나오는 것과 결을 같이한다.

공생은 최고의 생존 전략이다

다른 생물들과 더불어 살아가는 개미들 가운데 첫 번째로 식물과 공생하는 개미를 알아봤다. 개미는 식물에게 질소를 제공해 주고 방어를 해 주는 대신 식물은 도마티아(domatia)라고 불리는 집과 먹이를 개미에게 제공해 준다.

어떤 식물들은 씨앗에 엘라이오좀이라는 지방 덩어리를 만들어 개미가 씨앗을 널리 옮겨 주게끔 한다.

다음으로는 균과 공생하는 개미들을 알아봤다. 잎꾼개미는 금속 이온으로 코팅된 예리한 큰턱으로 나뭇잎을 잘라서 집으로 옮긴다. 이들의 몸에 살고 있는 공생미생물을 이용해 나뭇잎 조각들에 항균 처리를 한 후 그곳에 버섯을 키워서 먹는다. 이들을 연구하면 항생제 개발에 도움이 된다는 사실도 짚었다.

공생식물과 공생하며 균을 이용해 덫을 만들어 사냥을 하는 남미 함정개미의 놀라운 3계 공생사에 대해서도 알아봤다. 개미와 공생하는 다양한 곤충들도 있었다. 깍지개미와 깍지벌레는 무려 2천 만 년 동안 지속된 가장 오래된 곤충의 목축 사례로, 상호불가결한 공생 관계였다. 개미는 여러 생물들과 공생하며 생존 확률을 높이는 전략을 오랫동안 이용해 왔고, 양측 모두 상당한 이익을 얻는 상호주의의 훌륭한 예시이다. 우리 발 아래에서 벌어지는 치열하고도 아름다운 적응과 진화의 이야기, 공생이었다.

8장

광활한 지구에서 벌어지는 끝없는 생존 전쟁

위협받는 개미, 위협하는 개미

개미집에
숨어드는
불청객들

 2019년 제72회 칸 영화제에서 황금종려상을 수상한 영화 〈기생충〉은 박사장의 재산을 노린 주인공 가족이 그의 집에 전략적으로 침입하며 벌어지는 일들을 그린다. 넘쳐나는 재산과 식량은 본래 초대받지 않은 손님들을 부르기 마련인가 보다.

 만성적인 먹이 부족에 시달리는 여러 생물들과는 달리, 개미들은 먹이를 모으고 심지어 남기기까지 한다. 굶주리고 있는 생물들 입장에서 개미집은 질 좋은 음식이 넘쳐나는 '개츠비의 파티'다. 그렇기에 일회성으로 파티에 참여하여 먹이를 탐하는 불청객부터 기생충의 기우네 가족처럼 아예 철저하게 전략을 세워 개미집에 침입한 후

식량을 야금야금 노리는 계획적인 침입자까지 여러 불청객들이 개미집을 예의주시하고 있다.

먹이뿐만이 아니다. 개미집은 온·습도와 통풍이 조절되며, 심지어 천적으로부터 잘 방어되는 천연의 요새다.[1] 개미만 어떻게 속인다면 안전하고 쾌적하며 먹이가 넘쳐나는 그야말로 낙원이다. 그렇기 때문에 개미집 안에 개미의 식량을 노리는 수많은 다른 생물이 살고 있다는 사실은 그렇게 놀랄 일이 아닐지도 모르겠다. 이들을 호개미성 동물(myrmecophile animals, 'myrmeco'는 그리스어로 개미, 'phile'은 좋아하는 것을 뜻하는 접미어)이라고 부른다. 딱정벌레, 나비, 나방, 바퀴, 파리, 노린재, 벌, 좀, 거미, 노래기, 달팽이, 심지어 뱀도 개미집에 얹혀 살고 있다.[2]

위에서 언급한 영화 〈기생충〉에서 기우네 가족들의 정체가 탄로 나는 데 향기가 중요한 소재가 된다. 주로 시각에 의존하는 인간에게도 향기가 중요한데, 하물며 주로 냄새(페로몬)로 의사소통을 하는 개미는 어떨까. 개미집에 성공적으로 잠입하기 위한 가장 중요한 열쇠는 바로 냄새다.[3]

개미는 표피에서 분비되는 복잡한 화학 물질을 기반으로 같은 식구임을 인식한다.[4] 따라서 많은 호개미성 동물은 개미의 냄새를 훔치거나 개미의 냄새와 비슷한 화학 물질을 내뿜어 개미를 속인다.[5] 각자의 화학 물질 제조 및 복사 능력에 따라, 또 어떤 생활사를 가지느냐에 따라 호개미성 동물들은 단 한 종의 개미집만 독점적으로 공략하기도 하고, 이 개미, 저 개미 가리지 않고 여러 종의 개미와 생태적 관계를 맺기도 한다.[6] 냄새를 따라하는 것만으로는 많게는 수만 마리에 달하는 개미 구성원들을 완벽히 속이기에는 부족할 수 있다.

이들은 냄새를 따라 할 뿐만 아니라 개미와 비슷한 소리를 내거나, 개미와 놀랄 정도로 비슷한 생김새를 가지거나, 또는 단단한 껍데기를 가져서 좀 발각돼 물리더라도 악으로 깡으로 버텨내는 등 각자 다른 전략을 추구한다.

일반적인 원룸에서 친구와 술래잡기를 한다면 예상하건대 최대 10초 안에 찾아낼 수 있겠지만, 전체 면적이 1천5백만 제곱미터인 에버랜드에서 숨바꼭질을 한다면 아마 찾아내기 굉장히 힘들 것이다. 거대한 개미집은 더 많은 서식지와 숨을 곳을 만들어 내기 때문에 더 많은 '초대받지 않은 손님'들을 품고 있다.[7]

한국을 포함한 유라시아에 널리 분포하는 불개미는 거대한 무덤 모양의 집을 만드는데, 무려 125종의 호개미성 동물들이 불개미 무리의 집에서 기록됐다.[8] 집을 만들지는 않지만 엄청나게 거대한 행렬을 이루는 남아메리카 군대개미에 의존하는 호개미성 동물은 무려 300종 이상이 알려져 있다.[9]

개미집 내부에서 살아가는 이들의 흥미로운 생태는 다소 아이러니하게도 연구를 어렵게 한다. 따라서 이들의 놀라울 정도로 거대한 세계관에 비해서는 여전히 충분히 연구되지 않은 편이다. 대부분의 곤충 연구자는 특정한 곤충을 정해서 연구하는데, 예를 들어 메뚜기 연구자가 대개 개미집을 들춰 보지는 않기 때문이다.

과학자들은 이런 호개미성 동물들을 '생명다양성의 핫스팟'이라고 부르며 관심을 가지지만,[10] 개미 입장에서는 분명 즐겁지는 않은 일일 것이다. 호개미성 동물들의 쫓고 쫓기는 치열한 공존을 조금 더 자세히 더 살펴보자.

반갑지 않은 손님, 딱정벌레

열대 지방으로 개미 탐사를 가면 줄지어 가는 개미를 가만히 앉아서 오랜 시간 동안 멍하니 보곤 한다. 똑같아 보이는 개미들이 수없이 많이 지나가는 모습을 보고 있자면, 캠핑 가서 불을 멍하니 바라보면서 느끼는 그것과 비슷한 감정이 느껴진다. 그러다가 운이 좋으면, 개미 행렬 틈바구니에 섞여 아주 당당히 걸어가는 딱정벌레를 볼 때가 있다.

대부분 딱정벌레, 그중에서도 반날개다. 딱정벌레는 가장 쉽게 볼 수 있는 호개미성 동물이다. 유럽의 연구에 따르면, 불개미집에서 발견된 전체 호개미성 동물의 약 40퍼센트가 딱정벌레였다.[11] 반날개는 딱정벌레의 한 종류로 다른 딱정벌레와 다르게 딱지날개가 몸의 절반만 덮고 있는 특징에서 비롯된 이름이다.

이들을 자세히 보면 마치 크롭 티셔츠를 입은 것처럼 배가 노출 돼 있다. 딱히 곤충에 관심이 없는 보통의 사람들이라면 살면서 처음 들어 보는 곤충 이름이겠지만, 사실 관심을 가지고 들여다보면 개미만큼이나 여기저기 살고 있는 곤충이 또 반날개다. 전 세계에 무려 약 6만 4천 종이 기록돼 있다.[12]

여러 논란을 불러 일으켰던 〈제25회 세계스카우트 잼버리〉를 혹시 기억하는가? 전 세계에서 온 어린이들을 괴롭혔던 건 비단 더위뿐만 아니라 반날개에 속하는 곤충, 청딱지개미반날개(Paederus fuscipes)도 큰 몫을 했다. 독성이 있어 피부에 닿으면 타는 듯한 발진과 고통을 일으키기 때문에 '화상벌레'로 뉴스에 자주 소개되곤 한다. 이는 단지 청딱지개미반날개의 특성만이 아니고, 다른 여러 반날개들 또한 화학 물질을 생산해 자기 방어에 적극 활용하는 곤충 세계의 화학자다.[13]

반날개의 배는 각종 화학물질이 만들어지는 창고다. 그중 일부는 이런 화학물질을 다루는 능력을 개미집에 숨어 들어가거나 개미를 속이는 데 사용하게 됐다. 이들은 개미의 냄새뿐만 아니라 심지어 행동까지 따라 하며 개미에게 먹이를 보채고 얻어먹는다.

강원대학교 곤충분류학 실험실에 있을 때, 실험실 선배들과 학교 근처 산에 말레이즈 트랩(날아다니는 곤충을 채집하기 위해 설치하는 곤충 함정)을 설치했었다. 산 전체에 고도를 따라 세 군데에 설치를 했는데, 실험실 구성원끼리 바람골이라고 불렀던 산 중턱 계곡 근처에 설치한 트랩 성과가 제일 좋았다. 바람골에 말레이즈 트랩을 설치하다가

민냄새개미와 함께 발견되는 개미수염반날개

촬영지: 한국 춘천

근처에서 민냄새개미집을 찾았는데, 커다란 나무를 기준 반경으로 성인 남성 큰 걸음 서른 걸음까지는 어느 돌을 뒤집어도 개미가 나올 정도로 아주 거대한 개미 왕국이었다.

　개미를 채집하기 위해 바닥에 트랩(튜브 모양 통에 구멍을 뚫어 두고 안에 미끼를 설치해서 들어오는 개미들을 채집하는 트랩)을 설치해 뒀는데, 웬걸 개미보다 훨씬 더 많은 반날개가 채집됐다. 반날개가 아무리 많다고 하다지만, 트랩 안에 넣어둔 알코올을 수많은 반날개가 가득 메울 정도로 채집된 것은 분명 놀라운 일이었다.

　채집된 샘플을 가지고 반날개 전문가에게 이름을 물어봤는데, 개미수염반날개류(Pella sp.)라는 답변과 함께 개미와 밀접한 관계를 가지는 호개미성 동물이라는 답변을 받았다. 개미수염반날개류는 숙주 개미 군체 주변에 서식하면서 개미가 남긴 먹이나 개미 시체를 잡아먹는다.

이들은 복부샘에서 숙주 개미의 경보 페로몬과 유사한 물질을 합성해 내며, 일부는 개미의 공격성을 약화시키는 진정성 화학물질을 내뿜기도 한다.[14] 이들은 개미집 내부로 들어가 그들과 하나되어 살아가지는 않지만, 유기물이 풍부한 개미집 근처 쓰레기더미에 알을 낳고, 알에서 깨어난 유충은 개미의 시체나 개미집에서 나온 쓰레기를 먹으며 살아간다. 그러다가 개미와 마주치면 배에서 분비되는 화학물질로 개미를 속여 공격을 피한다. 그렇기 때문에 개미집 주변에 설치한 트랩에서 많은 수가 채집됐던 것이다.

반면, 아예 개미집 내부로 들어가 적극적으로 개미들을 속이며 사는 곤충도 많다. 반날개의 일종인 개미사돈은 전 세계적으로 1만 종 정도 기록된 작은 딱정벌레다. 개미사돈은 주로 열대, 온대 지역의 땅속이나 낙엽 사이에서 발견되는데, 뭉툭수염개미사돈(Clavigeritae) 무리를 비롯한 여러 그룹은 개미와 오랜 기간 동안 동거해 왔다.[15] 뭉툭수염개미사돈 무리는 알려진 모든 종이 개미에 절대적으로 기생한다.[16]

필자가 뭉툭수염개미사돈을 처음 발견한 곳은 제주도였다. 고동털개미집에서 수많은 개미사돈들이 교미를 하고 있었는데, 어림잡아 50여 마리는 충분히 넘어 보였다. 이들의 독특한 더듬이 덕분에 뭉툭수염개미사돈의 일종이라는 사실을 알아볼 수 있었고, 개미사돈을 연구하는 충북대학교 실험실에서 이름을 밝혀 주었다.[17]

털개미와 같이 사는 뭉툭수염개미사돈

촬영지: 한국 제주도

뭉툭수염개미사돈의 몸에는 털 뭉치가 있는데, 와스만 분비선 (Wasmann's gland)에서 만들어지는 화학물질을 이곳에서 내뿜는다. 이 샘에서 방출되는 화학물질 덕분에 개미로부터 공격받지 않고 심지어 개미가 능동적으로 딱정벌레를 집 안으로 물고 데려 온다.[18]

이들 딱정벌레의 입은 개미와 영양 교환이 적합한 형태로 변형돼 있으며, 입뿐만 아니라 부속지가 짧아지고 복부판이 융합돼 있는 등 몸 전체가 개미집에 들어가 살기 적합하게 적응해 있다. 일개미가 딱정벌레를 물고 다니기 좋게 일종의 손잡이 같은 역할을 하는 극단적으로 변형된 가슴은 이들의 개미와의 공생 역사가 아주 길 것이라는 것을 유추할 수 있게 한다. 뭉툭수염개미사돈은 알려진 모든 개미동물 중 개미와 동거 역사가 가장 긴 곤충이다.

에오세 호박 화석에서 발견된 뭉툭수염개미사돈 일종인 프로토클

라비거 트리코덴스(Protoclaviger trichodens)는 무려 약 5천 2백만 년 전에 만들어진 화석이다. 분자 연대 측정결과 뭉툭수염개미사돈 무리는 백악기 말기에 등장한 것으로 추정되는데, 신생대 때 개미가 지구상으로 빠르게 퍼질 때 개미집으로 들어가서 살아온 것으로 보인다.[19] 뭉툭수염개미사돈 말고도 여러 개미사돈들이 개미와 같이 살아간다.

흥미로운 점은 여러 반날개들이 서로 다른 계통집단에 속해 있음에도 불구하고 개미집에서 살아가는 무리들은 유사한 형태적 특징들을 가진다는 점이다. 개미집에 들어가 개미와 밀접한 생태 관계를 가질수록 서로 수렴하여 결국 비슷한 형태를 가지는 양상이 보인다. 특히 군대개미 집에 사는 개미사돈들은 개미와 체형과 질감, 색깔까지 개미와 매우 정교하게 닮는 경향을 보이는데, 이것을 와스만 의태라고 부른다.

와스만 의태를 하는 딱정벌레들은 군대개미의 구성원처럼 그들의 행렬을 당당하게 뛰어다니며 특정 개미의 행위를 묘사해 먹이를 받아먹는다. 와스만 의태라는 용어를 만든 과학자 와스만(Erich Wasmann)은 이런 고도의 모방 전략이 개미를 속이기 위함이라고 봤지만, 포식자에게 벗어나기 위한 전략에 더 가깝다고 보는 사람들도 많다.

콩고물을
노리는 적과
개미의 복잡한 사정

 나비와 나방도 개미집 안팎에 살며 개미가 남긴 콩고물을 노린다. 민냄새개미나 가시개미 집 근처에서 간혹 납작한 말린 조랭이떡 같이 생긴 물체가 흩뿌려진 것을 볼 수 있다. 도무지 생물체라고 믿어지지 않지만 이 물체를 가만히 보고 있으면 오래 지나지 않아 꼬물거리며 움직인다. 조개껍질 안에는 개미살이좀나방(Ippa conspersa)의 애벌레가 살고 있다. 이들은 흙과 실크를 엮어 만든 집 안에 살아가는데, 개미 둥지 근처에 머무르며 개미가 먹다 남은 찌꺼기나 개미의 시체를 잡아먹는다. 개미는 이들의 존재를 눈치채지 못하는 것처럼 보인다. 기어다니다가 개미와 접촉하면 두더지게임을 하듯 껍질 안쪽으로 순식간에 쏙 숨어버리고, 개미가 없어지면 다시 나와 먹이

활동을 한다.[20]

나비는 개미와 더 깊고 복잡한 생태적 관계를 맺고 있다. 들판에서 볼 수 있는 작은 나비인 부전나비는 알려진 종의 약 75퍼센트가 개미집에서 살아간다. 개미에게 먹이를 제공해 주는 대신 보살핌을 받는 조금 더 양심적인 무리(공생)부터, 처음부터 속이고 들어가 개미의 애벌레들을 잡아먹는 무리(기생)까지 다양하다.

알에서 깨어난 부전나비의 애벌레는 처음에는 보통의 애벌레 같이 이파리를 갉아먹으며 살다가 특정 시기가 되면 개미의 애벌레 페로몬과 소리, 진동을 따라 해 개미에게 안겨 집안으로 들어 간다. 부전나비 애벌레는 개미집 안에서 극진한 보호를 받으며 안전을 보장받는다. 바깥의 친척들처럼 기생벌에 기생 당할 걱정을 하지 않아도 된다.[21] 그들은 개미에게 먹이를 얻어먹고 보호를 받는 대신에 특수 기관에서 만들어 내는 꿀물을 개미에게 바친다.

어떤 종류는 아예 개미의 애벌레를 잡아먹으며 살아간다. 한국을 포함한 유라시아대륙에 넓게 살아가는 점박이푸른부전나비(Phengaris)는 알려진 모든 종이 뿔개미의 집에 기생하며 애벌레를 잡아먹는다. 이들은 특정한 개미 종 집에서만 살아갈 수 있는데, 이 때문에 환경 변화에 매우 취약하다. 영국에서는 뿔개미 개체수가 줄어듦에 따라 나비도 멸종 직전까지 다다랐었다.[22] 영국의 사례는 생태계가 그물같이 연결돼 있고 그물 한 켠에서 벌어진 일이 다른 예상치 못한 연쇄 반응을 일으킬 수 있다는 것을 잘 보여줘 생물 보존에

개미를 잡아먹고 있는 개미살이좀나방

촬영지: 한국 수원

서 대상을 종에서 서식지로 봐야 한다는 교훈을 줬다. 점박이푸른부전나비, 그들의 숙주 뿔개미, 그리고 애벌레 초기에 먹는 오이풀은 톱니바퀴처럼 밀접하게 연결돼 있고, 이들 중 하나만 없어져도 그들 모두 위험에 빠지게 될 것이다.

제주왕개미와 같이 사는 개미꽃등에 애벌레

촬영지: 한국 두미도

달팽이인 줄 알았는데 파리였다?

벌이 농사에 중요하다는 것을 모르는 사람이 있겠느냐만, 봄날 예쁜 꽃들 속에서 사진을 좀 찍으려고 할 때면 나타나서 붕붕거리는 벌은 그때만큼은 반갑지 않다.

너무 겁먹을 필요는 없다. 꽃밭을 날아다니는 '벌처럼 보이는 곤충' 중에는 사실 파리가 많다. 물론 진짜 벌도 많으니 용감하게 손을 휘둘러 무찌르는 행위는 지양하자.

파리 중에서 꽃등에라는 파리는 벌을 따라한다. 벌의 노란색, 검정색 경고색을 따라 하며 천적을 속여 공격을 피한다. 이 꽃등에들 중에서 이제 개미를 속여 볼까 싶어서 개미집으로 들어간 무리가 있는

데, 바로 개미꽃등에다. 우리나라를 비롯한 전 세계에 사는 약 500여 종의 개미꽃등에는 모든 종이 개미와 밀접한 관련이 있는 생태를 가지고 있다.[23] 유럽의 연구에 의하면 관찰한 뿔개미의 약 25퍼센트 정도 군집에서 개미꽃등에가 발견됐다고 한다.

경험에 의하면 한국에서는 곰개미 집 하나에서 수십 마리의 개미꽃등에 유충이 발견되기도 했다. 초봄이 되면 개미꽃등에는 개미집 근처를 날아다니며 알을 낳는다. 이윽고 알에서 깨어난 개미꽃등에 애벌레는 빠르게 개미집 안으로 들어가는데, 이때 개미와 비슷한 냄새를 풍겨 공격받지 않는다. 개미꽃등에 유충은 개미집에 들어가서 개미의 알과 애벌레를 먹어 치운다.

개미꽃등에는 일생 동안 약 125마리의 개미 유충을 잡아먹는데, 개미 둥지당 다섯 마리에서 여섯 마리의 개미꽃등에가 있다면 700마리 이상의 개미 유충이 개미꽃등에게 잡아먹힌다.[24,25] 개미꽃등에는 비교적 단단한 등판으로 둘러싸인 돔처럼 생긴 생김새 덕분에, 화학 무장이 설사 발각되더라도 바로 죽지 않는다.

기생에 최적화된 생물은 보통 단순화된다. 기생에 필요한 것들을 제외한 거의 모든 것이 퇴화해 버리곤 한다. 안 그래도 단순한 파리의 유충이 기생 최적화가 되다 보니 생긴 게 조금 이상하다. 다리도 없고 눈도 없는데 등판에 오톨도톨한 돌기가 있기도 한 것이 도통 귀엽거나 깜찍하다는 생각이 들지는 않는다. 이러한 생김새 때문에 개미꽃등에 유충은 처음에는 곤충이 아니라 민달팽이의 일종으로 알려졌었다. 민달팽이라고 생각하고 통에 넣어 두었던 생물이 어느 날 갑자기 사라지고, 그 자리에 파리가 나타난 모습을 본 최초의 사람은 아마 생물의 자연발생설을 믿었을지도 모른다. 그 상황은 마치 생명이 스스로 나타나는 듯 보였을 테니 말이다.

애벌레는 개미와 유사한 향기를 내뿜어 개미가 공격하지 않지만, 이들의 성충은 그런 기관이 없어서 개미의 공격에 속수무책이다. 따라서 고치에서 우화한 개미꽃등에 애벌레는 개미의 활동이 가장 굼떠지는 새벽녘에 재빠르게 뛰어서 탈출한다.

개미로 감쪽같이 위장하는 거미

개미는 집단생활을 하는 생물이고 여러 방어 시스템을 갖추고 있다. 하나를 잘못 건드리면 동료들이 우르르 달려 나와서 못살게 굴기 때문에 보통 천적들이 개미를 좋아하지 않는다. 게다가 어떻게 잡아먹는다고 해도 개미는 몸집이 너무 작아 먹을 것도 별로 없고, 무엇보다 신맛도 나고 영 맛이 없나 보다. 물론 인간들이 굳이 독이 있는 복어를 손질해서 먹듯 개미핥기같이 특별히 개미를 먹는 것을 즐기는 동물들도 있지만, 우리가 그들을 알고 있는 이유는 그런 동물들이 많이 없기 때문일 것이다.

이런 이유 때문인지 200개가 넘는 속에 속하는 2천여 종의 각기

베짜기개미를 따라하는 개미거미(위: 개미, 아래: 거미)

촬영지: 인도네시아 술라웨시

다른 절지동물들은 저마다 개미를 따라 하며 천적으로부터 피하려는 꾀를 부린다.[26] 대벌레, 사마귀, 거미, 딱정벌레, 파리, 메뚜기, 노린재 할 것 없이 참 다양하다.

이들은 단순히 전체적인 형태를 모방하는 것에서 벗어나 개미의 미세 표면구조를 따라하거나 행동을 필사적으로 따라 하며 꾸준히 적에게 '나를 먹지마' 라는 메시지를 던진다.

개미를 따라 하는 데 도가 튼 달인들은 깡충거미에 속하는 개미거미(Myrmarachne)들이다. 개미거미는 특정 종을 모방해서 그들의 색깔과 질감까지 놀라울 정도로 따라 해낸다. 개미는 다리가 여섯 개이고 거미는 다리가 여덟 개다. 거미들은 남는 한 쌍의 앞다리를 개미의 더듬이 움직임처럼 흔들거나 앞다리를 모아 개미의 머리를 따라하기도 한다. 그렇게 개미 군집 사이에서 알짱거리다가 아무것도 모르고 돌아다니는 개미를 슬쩍슬쩍 잡아먹는다.

이런 의태가 성공적이려면 대개 모방자가 개미보다 적을 때 유리하다. 멸치를 샀는데 중간중간 껴 있는 작은 게가 가끔 한 두마리 나오면 그러려니 하겠지만, 멸치보다 게가 많아지면 까다로운 선별 작업이 추가될 것이다. 하지만 개미거미의 완벽한 변장에 더불어 주변에 개미보다 영양분이 더 풍부한 먹이들이 많은 열대우림 특성상, 간혹 아주 높은 밀도의 개미거미들이 개미집 근처에서 살아가기도 한다.[27]

지구를 위협하는 개미들

인도네시아 남쪽으로 360킬로미터 떨어진 인도양에는 크리스마스 섬이라는 아름다운 섬이 있다. 크리스마스에 발견됐기 때문에 이런 이름이 붙었다고 하는데, 해양스포츠와 낚시의 성지로 유명하다. 이 섬은 크리스마스 섬 붉은게의 고향이기도 하다. 크리스마스 섬 붉은게는 매년 11월 일 년에 한 번씩 수억 마리가 산란을 위해 숲에서 바다로 이동하는데, 하늘에서 보면 섬 일부가 붉게 물들 정도이며 심지어 그들이 이동하는 도로는 폐쇄된다. 그들이 만드는 자연의 레드카펫은 많은 사람의 탄성을 자아냈다. 크리스마스 섬에는 이 정도로 큰 게를 해칠 만한 동물이 없기에, 그들에게는 천국이었을 것이다.

단단한 갑옷으로 무장한 10센티미터가 넘는 붉은게의 생존이 위

여러 지역의 생태를 위협하고 있는 노랑미친개미(*Anoplolepis gracilipes*)

촬영지: 일본 오키나와(위), 인도 술라웨시(아래)

협받기 시작한 것은 비교적 최근이다. 범인은 바로 크리스마스섬에 유입된 개미, 노랑미친개미(Anoplolepis *gracilipes*)다. 정신없이 빠르게 이리저리 움직이는 모습 때문에 노랑미친개미, 또는 긴다리비틀개미라는 이름이 붙은 이 개미는 붉은게를 잡아먹는다. 심지어 살고 있던 집에 들어가 쫓아내 못살게 굴고, 노랑미친개미가 방출하는 개미산은 게에게 극심한 스트레스를 주어 죽음에 이르게 하기도 한다.

노랑미친개미가 섬에 유입된 후 수천만 마리의 붉은게가 목숨을 잃었다. 크리스마스섬 붉은게는 전 세계에서 단 두 곳, 크리스마스섬과 코코스섬에만 산다. 개미의 무자비한 대규모 학살로 인해 붉은게 종의 미래를 장담할 수 없게 됐다.

노랑미친개미가 주는 피해는 붉은게에 국한된 것이 아니다. 노랑미친개미는 아프리카나 동남아시아 원산인 것으로 추정되는데, 선박을 따라 전 세계의 열대지역으로 퍼지며 엄청난 피해를 입히고 있다. 이들은 원래 살고 있던 종들을 죽이고, 식물에 깍지벌레들을 대량으로 키워 식물을 말라 죽게 해 숲 풍경을 바꾸기도 하는 등 토착 생태계 구석구석 빠르게 확장하며 생태계를 교란한다.[28]

깍지벌레는 식물의 수액을 빨아먹기에 농작물에도 큰 영향을 미친다. 엄청난 피해에 손 놓고 볼 수 만은 없었던 사람은 개입을 시작했다. 미끼를 사용해 개미를 특정 장소로 모이게끔 하고 헬기에서 대규모로 피프로닐 살충제를 뿌렸다. 처음에는 효과가 있는 듯했지만 결국 그들이 퍼지는 것을 막지 못했다.

국제 자연 보전 연맹(IUCN)은 세계에서 가장 심각한 침입종 100종(100 of the World's Worst Invasive Alien Species)에 노랑미친개미를 포함시켰다. 가장 심각한 침입종 100종에는 노랑미친개미 말고도 아르헨티나 개미, 메가세팔라혹개미(Pheidole megacephala), 붉은불개미가 이름을 올렸다. 개미는 선박을 통해 전 세계로 퍼진다. 이들 침입개미가 도입된 곳은 일반적인 환경에 비해 50퍼센트 적은 생물 종을 가

내 발밑의 검은 제국

234

지고 있었다. 토종 개미부터 곤충, 심지어 새나 도마뱀 같은 척추동물도 개미의 침입 때문에 개체수의 큰 변화를 겪는다. 침입 개미는 토종 생태계에 엄청난 충격을 주고 있으며 일단 도입되면 퇴치하기가 매우 힘들다.

인류와 개미의 끝나지 않은 전쟁

2017년 한국을 떠들썩하게 했던 개미가 있다. 개미 한 종이 전국 지상파 뉴스에 출현했던 것은 아마 처음일 것이다. 저녁 시간마다 뉴스를 보는 것을 즐겨했던 사람이라면 아마 살인불개미 또는 살인독개미를 한 번쯤은 봤을 것이다. 미디어에서는 사람을 죽일 수 있는 살인개미가 한국에 들어 왔다며 앞다투어 보도했다.

한국에 유입되기 직전 붉은불개미는 일본에 상륙해 환경성을 공포에 떨게 했다. 살인불개미로 불렸던 붉은불개미는 남미 중부 열대 지역이 원산지인 개미로 미국, 남미, 중국, 일본, 한국, 호주 등 아시아, 카리브해, 유럽까지 퍼진 최악의 침입종이다. 붉은불개미의 독은 사실 알려졌던 것만큼 맹독성은 아니다. 그들의 독성은 꿀벌과 비슷한 정도이며, 사망자도 알려진 것과는 다르게 집계 이후 총 80명 정도로, 매년 1천 4백만 명이 쏘이는 것에 비하면 적은 수다(2000년부터 2017년까지 미국에서 벌에 쏘여 죽은 환자수는 1,109명이다). 붉은불개미

언론에서 살인개미로 소개되었던 붉은불개미(*Solenopsis invicta*)

촬영지: 대만 타이페이

의 독에 있는 솔레놉신이라는 성분이 물집을 만들고, 이것이 터지면 매우 가렵고 때론 쇼크를 일으킬 수 있는 것은 사실이다.

벌을 살인독벌이라고 부르지 않기 때문에 붉은불개미의 입장에서는 억울할 일이다. 아시아에서 미국으로 도입된 장수말벌이 현지에서 살인말벌이라고 이름이 붙어 많은 사람들을 공포에 떨게 한 것을 생각하면 이런 자극적인 이름 짓기는 여기나 저기나 비슷해 보인다.

사람과 관련한 위험성이 다소 과장됐다고 해도, 그들이 치명적인 개미라는 사실은 변하지 않는다. 이들의 침입지에서는 수많은 동물이 목숨을 잃는다. 몸 크기가 작은 절지동물들은 붉은불개미의 공격에 더 취약하다. 스톡 아일랜드 나무 달팽이는 원산지 플로리다에서 1992년에 절멸했는데, 유입된 붉은불개미의 습격이 주된 원인으로 보인다.[29] 척추동물도 붉은불개미의 침입의 피해자다. 새, 토끼, 도마뱀 등 작은 동물들이 주로 공격받으며 심지어 악어의 새끼도 붉은 불개미의 무차별적인 습격의 희생양이 된다.

토착 생태계에 미치는 영향 외에도 이들은 엄청난 경제적인 손실을 초래한다. 붉은불개미는 독침으로 가축을 죽이거나 유산하게 만든다. 집이나 전기장비 안으로 들어가 전선을 물어뜯어 정전을 일으키는 사례도 비일비재하다. 미국 식품의약국은 붉은불개미 방제에 매년 50억 달러를 사용하고 있다고 하며, 호주에서는 만약 붉은불개미가 더 퍼지면 관리에 30년 동안 430억 달러가 지출될 수 있다고 보고 있다. 게다가 이들은 깍지벌레를 키워 농작물에 극심한 피해를 주고 작물들에 구멍을 뚫어 가치를 떨어뜨린다. 미국 동남부에서 붉은불개미가 콩 농사에 미치는 피해는 연간 약 2천 1백억 원에 달할 수 있다.[30]

붉은불개미의 번식력과 생존력은 굉장하다. 붉은불개미는 온도만 맞으면 일 년 내내 쉬지 않고 결혼비행을 한다. 그들은 홍수와 가뭄 모든 자연재해에 잘 대처할 수 있다. 비가 와서 둥지가 완전히 물에 잠기면 일개미들끼리 서로 엉켜 '개미뗏목'을 형성하는데, 개미뗏목 군집은 최대 12일간 물 표면에서 떠다니며 생존할 수 있다.[31]

100년이 안되는 짧은 기간 동안 지구 구석구석으로 뻗어나간 붉은불개미는 최근 처음으로 유럽까지 진출해 과학자들을 놀라게 했다. 2022년 이탈리아 시칠리아에서 88개의 붉은불개미 군집이 발견됐다. 이탈리아 시칠리아 근처는 온도가 따뜻하고 지역에 항구가 굉장히 많이 있기 때문에 앞으로 유럽에서 붉은불개미 위협은 쉽사리 진정되기 어려워 보인다.[32] 세력을 빠르게 넓히고 있는 붉은불개미와 그들을 필사적으로 막으려는 인간의 전쟁은 쉽게 끝날 것으로 보이지 않는다.

지구가 더워질수록 우리를 조여 오는 위협

남미가 원산지인 아르헨티나 개미(Linepithema humile)의 피해도 붉은불개미 못지 않다. 이 개미들은 도입된 곳에서 군집과 군집들이 모두 연결된 소위 '초군체'를 만든다.[33] 이런 초대형 군집은 따로 만들어진 작은 군집들이 결국 하나로 연결돼 아르헨티나 개미 초대군체가 수백에서 수천 킬로미터에 걸쳐 만들어질 수 있다. 미국 서부 샌디에이고에서 캘리포니아까지 퍼져 있는 아르헨티나 개미 초대군체의 일개미들은 최대 1조 마리에 이를 수 있다.[34] 이것은 아르헨티나 개미의 유전적 구성이 매우 균일하기 때문에 가능한 일이다.

그들은 보통의 개미와 다르게 결혼비행을 하지 않고 분열하는 방식으로 빠르게 번식한다. 빠른 번식력을 기반으로 상업 선박을 통해 유럽, 미국, 호주, 한국과 일본을 비롯한 여러 아시아 국가로 광범위하게 퍼졌다. 붉은불개미와 다르게 아르헨티나 개미는 사람을 쏘거나 물지는 않는다. 하지만 이들은 일단 정착하면 원래 살고 있던 생

정착한 지역의 생태계를 무분별하게 파괴하는 아르헨티나 개미

촬영지: 한국 부산

태계를 무차별적으로 파괴한다. 노랑미친개미와 마찬가지로 작물을 손상시키는 진딧물들과 깍지벌레를 대량으로 키우며 벌집을 습격하기도 한다.

이렇듯 인간의 상업적 활동들을 통해 전 세계로 퍼져 버린 침입성 개미들은 토착 생물 다양성을 눈에 띄게 감소시킨다. 앞서 말했듯 개미는 그곳에 살고 있는 식물과 매우 밀접한 생태적 관계를 맺고 있기 때문에 침입 개미 종들은 토종 개미뿐만 아니라 식물에도 큰 위협이 되고 심지어 토양의 화학적 조성에도 영향을 미친다.

침입성 개미들은 건물에 침입하고 사람을 쏘며 질병을 전파하고 농업에 해를 끼친다. 침입성 개미들은 뜨거워지는 지구의 흐름을 타고 점차 북쪽으로 전진하고 있다. 수많은 개미 가운데 약 200종이 원래 서식지가 아닌 곳에서 살아가고 있으며, 붉은불개미, 노랑미친개미 등의 19종은 현재도 다른 서식지로 퍼지고 있는 매우 활동적인 침입종이다.

　유럽의 경우 지중해를 공략하는 침입 개미들이 기어이 스페인, 이탈리아, 프랑스 등 서유럽으로 이미 퍼졌다. 활발한 무역을 하는 한국도 예외는 아니다. 2016년 붉은불개미의 침입을 시작으로 노랑미친개미, 전기개미, 열대불개미 등 여러 침략개미가 한국의 국경을 두드리고 있다. 침입성 개미들의 위협은 인간의 상업 무역이 활발해지고 기후가 변하며 증가하고 있다. 현재는 살충제에 의존한 방제에 집중돼 있지만, 개미들은 빠르게 적응하고 서식 범위를 넓히고 있기 때문에 모니터링, 예측, 사후 관리 등 여러 측면에서 입체적인 침입개미 관리의 필요성이 더 중요해지고 있다.

・나오며・

더불어 사는
미래로 나아가기 위하여

인공지능을 필두로 한 과학의 빠른 발전은 인류의 미래를 장밋빛으로 만듦과 동시에 한 치 앞도 예측할 수 없게끔 했다. 우리는 불안할 때 과거의 존경받는 현자들의 이야기를 통해 우리의 상황을 대입하고 성찰하며 미래를 그려 보곤 한다.

개미는 1억 5천 년간 지구 곳곳에 퍼져 성공적으로 정착해 살아가고 있는 사회성 동물계의 성공적인 '현자'이다. 우리는 앞서 그들의 치열하고 아름다운 삶을 들여다봤다. 그것은 따뜻하면서도 잔혹하리만큼 차가웠다. 본질적으로, 그들은 생존을 위해 종을 가리지 않는 광범위한 협력 관계를 구축해 왔다.

사람은 곤충과 다르게 우리 스스로를 둘러싸고 있는 것들을 배우고 성찰하며 나아갈 수 있는 능력이 있다. 그러므로 우리는 개미의 삶을 더 자세히 들여다보고 공부함으로써 자멸하지 않고 조화롭게 지구와 함께 살아갈 방법, 우리가 어떤 방향으로 나아가야 할지를 배울 수 있을지도 모르겠다.

개미에게 관심을 가지고 따라다니지는 어언 15년가량이 됐다. 본격적으로 연구의 세계에 뛰어든 지는 오래 지나지 않았지만, 개미 세계에 빠져 시간 날 때마다 밖에 나가 바닥을 들여다보던 유년 기간은 감히 예상해 보건대 여느 개미학자들과 비슷했을 것이다. 그들 같은 것을 보면서도 다른 생각을 하며 자신만의 연구 업적을 쌓아 왔을 것이고, 그것들은 차곡차곡 모여 집단 지성이 됐다.

19세기에서 20세기 초 무렵 피에르 앙드레 라트레이유, 구스타프 마이어, 카를로 에머리, 오귀스트 포렐 등 초기의 위대한 개미학자들로부터 시작된 본격적인 개미 연구는 에드워드 윌슨과 베르트 휠도블러의 시대를 거쳐 첨단 과학과 결합해 미래로 나아가고 있다.

개미는 비단 곤충학뿐만 아니라 과학계 전체에 많은 질문을 던졌다. 첨단과학의 시대는 그 질문들을 빠르게 풀어나가고 있고, 그것들은 다른 학문과 결합하며 우리에게 다방면의 깨달음을 주고 있다. 이런 연구들과 필자의 경험들을 한데 모아 개미의 신비로움을 한국말로 전할 수 있어 행복했던 집필 작업이었다.

이 책이 출판되기 위해 많은 사람의 도움을 받았다. 책의 내용 중 진화와 진사회성 부분에서 적극적으로 의견을 보내 준 미국 뉴저지 공과대학의 필립 바든(Phillip Barden) 교수, 캘리포니아 대학교의 이상빈 교수, 그리고 나의 연구를 지도해 주고 있는 독일 프랑크푸르트 젠켄베르크 박물관의 브랜던 부디농(Brendon Boudinot) 박사에게 감사드린다. 나를 더 큰 개미세계로 이끈 선생, 코넬대학교의 코리 모리우(Corrie Moreau) 교수와 가고시마대학교의 세이키 야마네(Seiki Yamane) 교수에게도 진심으로 고맙다. 개미에 대해 매일 같이 수다떨며 생각거리를 던져 주는 고려대학교의 박종현 군에게도 감사의 말을 남긴다. 지나온 모든 연구 기관에서 나를 응원해 주고 지지해 주며, 때로는 냉철하게 비판해 주던 동료들이 없었다면 오늘의 나도 존재하지 않았을 것이다. 과학자로서 그들의 여정에 무한한 영광이 있기를 진심으로 바란다.

알면 알수록
궁금해지는 개미들

공주개미는 날개가 달려 있다.

왕침개미가 독침을 사용해 먹이를 사냥하고 있다.

남미에 사는 총알개미는 독침에 쏘이면 총에 맞은 것처럼 아프다고 해서 붙은 이름이다.

포고노머멕스 수확개미는 포유류에 특성화된 아주 강력한 독을 가지고 있다.

지네를 사냥하는 지네잡이개미는 개미 진화의 역사를 담은 살아 있는 화석이라 할 수 있다.

왕침개미가 먹이를 운반하고 있다. 독침과 같은 원시적인 형질들을 지닌 것이 침개미 무리의 특징이다.

진딧물을 키우는 시베리아개미류(시베리아개미아과)의 모습이다.

주름개미에 속하는 한 개미(두마디개미아과)가 이끼 위를 걷고 있다 .

왕개미의 수개미(왼쪽)가 짝짓기 후
베짜기개미(오른쪽)에게 잡혔다.

흑개미의 수컷(오른쪽 날개 달린 개
미)으로, 수개미는 머리가 작고 가슴
이 크다.

베짜기개미의 여왕개미이다. 성공적
으로 자신의 군락을 만드는 여왕개미
는 수많은 공주개미의 극히 일부에 불
과하다.

일본침개미(*Ectomomyrmex javana*)
의 애벌레 사진이다.

프로아타(*Proatta butteli*) 일개미가 알을 옮기고 있다.

일본장다리개미(*Aphaenogaster japonica*) 일개미가 애벌레를 돌보고 있다.

베짜기개미는 그들의 애벌레에서 나오는 실크를 이용해 집을 짓는다.

여왕개미가 없고 번식일개미가 번식을 담당하는 다이아캐마 침개미이다.

뱃속에 달콤한 액체를 가득 품고 다니는 꿀단지개미의 모습이다.

톱니침개미는 톱니모양의 큰턱을 가지고 있다.

다케톤 덫개미(*Daceton armigerum*)의 사진이다.

아노케투스 덫개미(*Anochetus*)는 먹이 활동을 할 때 큰턱을 활짝 벌린다.

덫개미의 180도로 벌어진 큰턱이 잘
보인다.

비늘개미는 주로 톡토기를 사냥하는
포식자다.

짧은 턱을 가진 넓은방패비늘개미의
모습이다.

대왕덫개미와 비늘개미(빨간색 원)의
크기 차이가 드러나는 사진이다.

아프리카 군대개미의 행렬이다.

혹개미를 사냥하는 아에닉투스 군대
개미의 모습이다.

아에닉투스 군대개미가 사냥한 먹이
를 들고 이동하고 있다.

일주일만에 20킬로그램의 토양을 파
낼 정도로 군집의 규모가 거대한 아프
리카 군대개미의 병정개미 사진이다.

다른 개미보다 가시가 발달한 가시개미의 모습이다.

넓적다리왕개미의 소형 일개미(위)와 병정개미(아래)의 모습이다.

폭탄꼬리치레개미는 뒷가슴샘에서 방어 물질을 내뿜는다.

거북개미는 나무에서 떨어질 때 글라이딩을 한다.

곰개미 고치를 약탈하는 분개미는 공
격성이 강하다.

가시개미는 커다란 몸집과 선명한
빨간색 가슴이 특징이다.

민냄새개미 일개미는 기생이 완료된
후에는 자신들로만 이루어진 군체로
살아간다.

고동털개미의 일개미(위)에 기생 중
인 민냄새개미 여왕개미(아래)의 모
습이다.

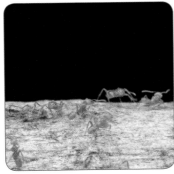

트럼펫나무 줄기 속에 둥지를 만드는 아즈텍개미가 나무 위에서 이동하고 있다.

식물과 같이 살아가는 큰눈나무개미의 사진이다.

아즈텍개미가 나무 줄기에 개미 정원을 건설하고 있다.

개미가 키우는 진딧물(가운데 흰색)의 사진이다.

풍뎅이붙이(오른쪽)는 일본장다리개
미(왼쪽)와 같이 살아간다.

일본왕개미의 집 입구에 담흑부전나
비의 번데기(가운데 붉은색)가 붙어
있다.

개미 사이에 숨어 사는 개미꽃등에의
1령 애벌레 모습이다.

알에서 깨어난 개미꽃등에 애벌레(가
운데)는 빠르게 개미집 안으로 숨어든
다. 이들은 돔(dom) 모양으로 생겼다.

1장

1. Hölldobler B, Engel–Siegel H (1984) On the metapleural gland of ants. *Psyche (Cambridge)* 91: 201–224.

2. "Schmidt pain scale". Natural History Museum, London.

3. "The Word: Sting pain index". New Scientist.

4. "Initiation With Ants". National Geographic. Retrieved 11 September 2024. Video of initiation rite by National Geographic.

5. Meyer WL (1996) Chapter 23–Most toxic insect venom. Book of Insect Records. University of Florida.

6. Anne Marie Helmenstine. "World's Most Venomous Insect". About.com.

7. Charbonneau D, Poff C, Nguyen H, Shin MC, Kierstead K, Dornhaus A (2017) Who are the 'lazy' ants? The function of inactivity in social insects and a possible role of constraint: inactive ants are corpulent and may be young and/or selfish. *Integrative and Comparative Biology* 57: 649–667.

8. Ibid.

9. Yao I (2011) Seasonal trends in honeydew–foraging strategies in the red wood ant, *Formica yessensis* (Hymenoptera: Formicidae). *Sociobiology* 59(4): 1351–1364.

10. Schultheiss P, Nooten SS, Wang R, Wong MKL, Brassard F, Guénard B (2022) The abundance, biomass, and distribution of ants on earth. *Proceedings of the National Academy of Sciences* 119 (15).

11. Ulrich Y, Saragosti J, Tokita CK, Tarnita CE, Kronauer DJC (2018) Fitness benefits and emergent division of labour at the onset of group living. *Nature* 560: 635–638.

12. Qin Z, Munnoch JT, Devine R, Holmes NA, Seipke RF, Wilkinson KA (2017) Formicamycins, antibacterial polyketides produced by *Streptomyces formicae* isolated from African *Tetraponera* plant–ants. *Chemical Science* 8: 3218–3227.

13. Piqueret B, Bourachot B, Leroy C, Devienne P, Mechta–Grigoriou F, D'Ettorre P, Sandoz JC (2022) Ants detect cancer cells through volatile organic compounds. *iScience* 25(3): 103959.

14. Gospocic J, Shields EJ, Glastad KM, Lin Y, Penick CA, Yan H, Mikheyev AS, Linksvayer TA, Garcia BA, Berger SL (2017) The neuropeptide corazonin controls social behavior and caste identity in ants. *Cell* 170: 748–759.

2장

1. Moreau CS, Bell CD, Vila R, Archibald SB, Pierce NE (2006) Phylogeny of the ants: diversification in the age of angiosperms. *Science* 312: 101–104.

2. Dlussky GM (1983) A new family of Upper Cretaceous Hymenoptera: an "intermediate link" between the ants and the scolioids. [In Russian.] *Paleontologicheskii Zhurnal* 1983(3): 65–78.

3. Boudinot BE, Richter A, Katzke J, Chaul JCM, Keller RA, Economo EP, Beutel RG, Yamamoto S (2022) Evidence for the evolution of eusociality in stem ants and a systematic revision of †*Gerontoformica* (Hymenoptera: Formicidae). *Zoological Journal of the Linnean Society* 195: 1355–1389.

4. Taniguchi R, Grimaldi DA, Watanabe H, Iba Y (2024) Sensory evidence for complex communication and advanced sociality in early ants. *Science Advances* 10(24): eadp3623.

5. Sosiak C, Janovitz T, Perrichot V, Timonera JP, Barden P (2023) Trait–based paleontological

niche prediction recovers extinct ecological breadth of the earliest specialized ant predators. *The American Naturalist* 202(6): E147–E162.

6. https://www.antwiki.org/wiki/Phylogeny_of_Formicidae

7. Ward PS (2000) in *Ants: Standard Methods for Measuring and Monitoring Biodiversity*, eds. Agosti D, Majer JD, Alonso LE, Schultz TR (Smithsonian Institution, Washington, D.C.), pp. 99–121.

8. Wilson EO, Hölldobler B (2005) The rise of the ants: a phylogenetic and ecological explanation. *Proceedings of the National Academy of Sciences of the United States of America* 102(21): 7411–7414.

9. Ward PS, Brady SG, Fisher BL, Schultz TR (2015) The evolution of myrmicine ants: phylogeny and biogeography of a hyperdiverse ant clade (Hymenoptera: Formicidae). *Systematic Entomology* 40: 61–81.

10. Seifert B, Buschinger A, Aldawood A, Antonova V, Bharti H, Borowiec L, Dekoninck W, Dubovikoff D, Espadaler X, Flegr J, Georgiadis C, Heinze J, Neumeyer R, Ødegaard F, Oettler J, Radchenko R, Schultz R, Sharaf M, Trager J, Zettel H (2016) Banning paraphylies and executing Linnaean taxonomy is discordant and reduces the evolutionary and semantic information content of biological nomenclature. *Insectes Sociaux* 63: 237–242.

11. Hölldobler B, Wilson EO (2009) *The superorganism: the beauty, elegance, and strangeness of insect societies*. 1st ed. New York: W.W. Norton. 522 pp.

12. Blaimer BB, Santos BF, Cruaud A, Gates MW, Kula RR, Mikó I, Rasplus JY, Smith DR, Talamas EJ, Brady SG, Buffington ML (2023) Key innovations and the diversification of Hymenoptera. *Nature Communications* 14: 1212.

13. Peeters C, Molet M, Lin CC, Billen J (2017) Evolution of cheaper workers in ants: a comparative study of exoskeleton thickness. *Biological Journal of the Linnean Society* 121: 556–563.

14. Tragust S, Herrmann C, Häfner J, Braasch R, Tilgen C, Hoock M, Milidakis MA, Gross R, Feldhaar H (2020) Formicine ants swallow their highly acidic poison for gut microbial selection and control. *eLife* 9: e60287.

15. Pull CD, Ugelvig LV, Wiesenhofer F, Grasse AV, Tragust S, Schmitt T, Brown MJF, Cremer S (2018) Destructive disinfection of infected brood prevents systemic disease spread in ant colonies. *eLife* 7: e32073.

16. Brütsch T, Jaffuel G, Vallat A, Turlings TCJ, Chapuisat M (2017) Wood ants produce a

potent antimicrobial agent by applying formic acid on tree–collected resin. *Ecology and Evolution* 7: 2249–2254.

17. LeBrun EG, Diebold PJ, Orr MR, Gilbert LE (2015) Widespread chemical detoxification of alkaloid venom by formicine ants. *Journal of Chemical Ecology* 41: 884–895.

3장

1. Peeters C, Ito F (2001) Colony dispersal and the evolution of queen morphology in social Hymenoptera. *Annual Review of Entomology* 46: 601–630.

2. Markin GP, Dillier JH, Hill SO, Blum MS, Hermann HR (1971) Nuptial flight and flight ranges of the imported fire ant, *Solenopsis saevissima richteri* (Hymenoptera: Formicidae). *Journal of the Georgia Entomological Society* 6(3): 145–156.

3. Fowler HG, Pereira–da–Silva V, Forti LC, Saes NB (1986) Population dynamics of leaf–cutting ants: A brief review. In: Lofgren CS, Vander Meer RK, editors. *Fire ants and leaf-cutting ants: Biology and management*. Boulder: Westview Press; p.123–145.

4. Keller RA, Peeters C, Beldade P (2014) Evolution of thorax architecture in ant castes highlights trade–off between flight and ground behaviors. *eLife* 3: e01539.

5. Snir O, Alwaseem H, Heissel S, Sharma A, Valdés–Rodríguez S, Carroll TS, Jiang CS, Razzauti J, Kronauer DJC (2022) The pupal moulting fluid has evolved social functions in ants. *Nature* 612: 488–494.

6. Wheeler WM, Chapman JW (1922) The mating of *Diacamma*. *Psyche* (Cambridge) 29: 203–211.

7. Tulloch GS (1934) Vestigial wings in *Diacamma* (Hymenoptera: Formicidae). *Annals of the Entomological Society of America* 27: 273–277.

8. Gronenberg W, Peeters C (1993) Central projections of the sensory hairs on the gemma of the ant *Diacamma*: substrate for behavioural modulation? *Cell and Tissue Research* 273: 401–415.

9. Hart AG, Ratnieks FLW (2001) Task partitioning, division of labour and nest compartmentalisation collectively isolate hazardous waste in the leafcutting ant *Atta cephalotes*. *Behavioral Ecology and Sociobiology* 49: 387–392.

10. Schmid–Hempel P (1984) Individually different foraging methods in the desert ant

Cataglyphis bicolor (Hymenoptera, Formicidae). *Behavioral Ecology and Sociobiology* 14: 263–271.

4장

1. Wehner R (1987) Spatial organization of foraging behavior in individually searching desert ants, *Cataglyphis* (Sahara Desert) and *Ocymyrmex* (Namib Desert). In: Pasteels JM, Deneubourg JL, editors. *From individual to collective behavior in social insects*. Basel: Birkhäuser; pp. 15–42.

2. Cheng K, Narendra A, Sommer S, Wehner R (2009) Traveling in clutter: Navigation in the Central Australian desert ant *Melophorus bagoti*. *Behavioural Processes* 80(3): 261–268.

3. McMeeking R, Arzt E, Wehner R (2012) *Cataglyphis* desert ants improve their mobility by raising the gaster. *Journal of Theoretical Biology* 297: 17–25.

4. Shi NN, Tsai CC, Camino F, Bernard GD, Yu N, Wehner R (2015) Keeping cool: Enhanced optical reflection and radiative heat dissipation in Saharan silver ants. *Science* 349: 298–301.

5. Wu W, Lin S, Wei M, Huang J, Xu H, Lu Y, Song W (2020) Flexible passive radiative cooling inspired by Saharan silver ants. *Solar Energy Materials and Solar Cells* 210: 110512.

6. Chown SL, Nicolson SW (2004) *Insect Physiological Ecology: Mechanisms and Patterns*. OUP Oxford.

7. Grob R, Fleischmann PN, Rössler W (2019) Learning to navigate – how desert ants calibrate their compass systems. *Neuroforum* 25: 109–120.

8. Fleischmann PN, Grob R, Müller VL, Wehner R, Rössler W (2018) The geomagnetic field is a compass cue in *Cataglyphis* ant navigation. *Current Biology* 28(9): 1440–1444.

9. Rössler W (2023) Multisensory navigation and neuronal plasticity in desert ants. *Trends in Neurosciences* 46(6): 415–417.

10. Grob R, Müller VL, Grübel K, Fleischmann PN (2024) Importance of magnetic information for neuronal plasticity in desert ants. *Proceedings of the National Academy of Sciences* 121(8): e2320764121.

11. Dong AZ, Cokcetin N, Carter DA, Fernandes KE (2023) Unique antimicrobial activity in honey from the Australian honeypot ant (*Camponotus inflatus*). *PeerJ* 11: e15645.

12. Ward PS, Fisher BL (2016) Tales of dracula ants: the evolutionary history of the ant subfamily Amblyoponinae (Hymenoptera: Formicidae). *Systematic Entomology* 41(3): 683–693.

13. Masuko K (1993) Predation of centipedes by the primitive ant *Amblyopone silvestrii*. *Bulletin of the Association of Natural Science, Senshu University* 24: 35–44.

14. Booher DB, Gibson JC, Liu C, Longino JT, Fisher BL, Janda M, Narula N, Toulkeridou E, Mikheyev AS, Suarez AV, Economo EP (2021) Functional innovation promotes diversification of form in the evolution of an ultrafast trap–jaw mechanism in ants. *PLOS Biology* 19(3): e3001031.

15. Dejean A (1982) Etude éco–éthologique de la prédation chez les fourmis du genre *Smithistruma* (Formicidae–Myrmicinae–tribu des Dacetini)—I. Effets du milieu sur le choix des proies chez *Smithistruma truncatidens* Brown. *InternationalJournal of Tropical Insect Science* 3(4): 245–249.

16. Brady SG, Fisher BL, Schultz TR, Ward PS (2014) The rise of army ants and their relatives: diversification of specialized predatory doryline ants. *BMC Evolutionary Biology* 14: 93.

17. Borowiec ML (2016) Generic revision of the ant subfamily Dorylinae (Hymenoptera, Formicidae). *ZooKeys* 608: 1–280.

18. Kondoh M (1968) Bioeconomic studies on the colony of an ant species *Formica japonica* Motschulsky 1. Nest structure and seasonal change of the colony members. *Japanese Journal of Ecology* 18: 124–133.

19. Rettenmeyer CW (1963) Behavioral studies of army ants. *University of Kansas Science Bulletin* 44: 281–465.

20. Kronauer DJC, Boomsma JJ (2007) Do army ant queens re–mate later in life? *Insectes Sociaux* 54(1): 20–28.

21. Raignier A, van Boven JKA (1955) Étude taxonomique, biologique et biométrique des *Dorylus* du sous–genre *Anomma* (Hymenoptera Formicidae). *Annales du Musée Royal du Congo Belge, Nouvelle Série in Quarto, Sciences Zoologiques* 2: 1–359.

22. Kronauer DJC, Schöning C, Pedersen JSS, Boomsma JJ, Gadau JR (2004) Extreme queen–mating frequency and colony fission in African army ants. *Molecular Ecology* 13(8): 2381–2388.

23. Jaitrong W, Yamane S (2013) The *Aenictus ceylonicus* species group (Hymenoptera, Formicidae, Aenictinae) from Southeast Asia. *Journal of Hymenoptera Research* 31: 165–

233.

24. Rosciszewski K, Maschwitz U (1994) Prey specialization of army ants of the genus *Aenictus* in Malaysia. *Andrias* 13: 179–187.

25. Huang MH (2010) Multi–phase defense by the big–headed ant, *Pheidole obtusospinosa*, against raiding army ants. *Jounal of Insect Science* 10: 1.

26. Witte V, Maschwitz U (2000) Raiding and emigration dynamics in the ponerine army ant *Leptogenys distinguenda* (Hymenoptera, Formicidae). *Insectes Sociaux* 47: 76–83.

27. Frank E, Hönle P, Linsenmair K (2018) Time optimized path–choice in the termite hunting ant *Megaponera analis*. *Journal of Experimental Biology* 221(13).

28. Longhurst C, Howse PE (1979) Foraging, recruitment and emigration in *Megaponera foetens* (Fab.) (Hymenoptera: Formicidae) from the Nigerian Guinea Savanna. *Insectes Sociaux* 26(3): 204–215.

29. Frank ET, Kesner L, Liberti J, Helleu Q, LeBoeuf AC, Dascalu A, Sponsler DB, Azuma F, Economo EP, Waridel P, Engel P, Schmitt T, Keller L (2023) Targeted treatment of injured nestmates with antimicrobial compounds in an ant society. *Nature Communications* 14(1): 8446.

30. Frank ET, Schmitt T, Hovestadt T, Mitesser O, Stiegler J, Linsenmair KE (2017) Saving the injured: Rescue behavior in the termite–hunting ant *Megaponera analis*. *Science Advances* 3(4): e1602187.

31. Frank ET, Buffat D, Liberti J, Keller L (2024) Wound dependent leg amputations to combat infections in an ant society. *Current Biology* 34: 1–6.

5장

1. Li H, Sun CY, Fang Y, Carlson CM, Xu H, Ješovnik A, Sosa–Calvo J, Zarnowski R, Bechtel HA, Fournelle JH, Andes DR, Schultz TR, Gilbert PUPA, Currie CR (2020) Biomineral armor in leaf–cutter ants. *Nature Communications* 11: 5792.

2. Blanchard BD, Moreau CS (2017) Defensive traits exhibit an evolutionary trade–off and drive diversification in ants. *Evolution* 71(2): 315–328.

3. Ito F, Taniguchi K, Billen J (2016) Defensive function of petiole spines in queens and workers of the formicine ant *Polyrhachis lamellidens* (Hymenoptera: Formicidae) against an

ant predator, the Japanese tree frog *Hyla japonica*. *Asian Myrmecology* 8: 81–86.

4. Blanchard BD, Nakamura A, Cao M, Chen ST, Moreau CS (2020) Spine and dine: A key defensive trait promotes ecological success in spiny ants. *Ecology and Evolution* 10(10): 4620–4632.

5. Hölldobler B, Wilson EO (1986) Soil–binding pilosity and camouflage in ants of the tribes Basicerotini and Stegomyrmecini (Hymenoptera, Formicidae). *Zoomorphology* 106: 12–20.

6. Aibekova L, Keller RA, Katzke J, Allman DM, Hita–Garcia F, Labonte D, Narendra A, Economo EP (2023) Parallel and divergent morphological adaptations underlying the evolution of jumping ability in ants. *Integrative Organismal Biology* 5(1): obad026.

7. Helms JA, Peeters C, Fisher BL (2014) Funnels, gas exchange, and cliff jumping: natural history of the cliff–dwelling ant *Malagidris sofina*. *Insectes Sociaux* 61(4): 357–365.

8. Yanoviak SP, Munk Y, Dudley R (2011) Evolution and ecology of directed aerial descent in arboreal ants. *Integrative and Comparative Biology* 51(6): 944–956.

9. Larabee F, Smith AA, Suarez A (2018) Snap–jaw morphology is specialized for high–speed power amplification in the Dracula ant, *Mystrium camillae*. *Royal Society Open Science* 5(12): 181447.

10. Kuan KC, Chiu CI, Shih MC, Chi KJ, Li HF (2020) Termite's twisted mandible presents fast, powerful, and precise strikes. *Scientific Reports* 10: 9462.

11. Hosoishi S, Yamane S, Sokh H (2022) Discovery of a new phragmotic species of the ant genus *Carebara* Westwood, 1840 (Hymenoptera, Formicidae) from Cambodia. *Journal of Hymenoptera Research* 91: 357–374.

12. Wheeler DE, Hölldobler B (1986) Cryptic phragmosis: the structural modifications. *Psyche* 92: 337–353.

13. Poldi B (1963) Alcune osservazioni sul *Proceratium melinum* Rog. e sulla funzione della particolare struttura del gastro. *Atti della Accademia Nazionale Italiana di Entomologia. Rendiconti* 11: 221–229.

14. Laciny A, Zettel H, Kopchinskiy A, Pretzer C, Pal A, Salim KA, Rahimi MJ, Hoenigsberger M, Lim L, Jaitrong W, Druzhinina IS (2018) *Colobopsis explodens* sp. n., model species for studies on "exploding ants" (Hymenoptera, Formicidae), with biological notes and first illustrations of males of the *Colobopsis cylindrica* group. *ZooKeys* 751: 1–40.

15. Billen J, Hashim R, Ito F (2011) Functional morphology of the metapleural gland in the ant *Crematogaster inflata* (Hymenoptera, Formicidae). *Invertebrate Biology* 130: 277–281.

6장

1. Huxley TH (1894) *Evolution and Ethics, and Other Essays.* Macmillan and Company (London).

2. Trager JC (2013) Global revision of the dulotic ant genus *Polyergus* (Hymenoptera: Formicidae, Formicinae, Formicini). *Zootaxa* 3722: 501–548.

3. Herbers JM (2007) Watch Your Language! Racially Loaded Metaphors in Scientific Research. *BioScience* 57(2): 104–105.

4. Regnier FE, Wilson EO (1971) Chemical communication and "propaganda" in slave–maker ants. *Science* 172: 267–269.

5. Talbot M (1967) Slave–raids of the ant *Polyergus lucidus* Mayr. *Psyche* 74: 199–231.

6. Tamarri V, Castracani C, Grasso DA, Visicchio R, Le Moli F, Mori A (2009) The defensive behaviour of two *Formica* slave–antspecies: coevolutive implications with their parasite *Polyergus rufescens* (Hymenoptera, Formicidae). *Italian Journal of Zoology* 76: 229–238.

7. Smith AA (2018) Prey specialization and chemical mimicry between *Formica archboldi* and *Odontomachus* ants. *Insectes Sociaux* 66: 211–222.

8. Rabeling C (2020) *Social parasitism. In Encyclopedia of Social Insects (ed. Starr, C.)* Springer, Berlin, 836–858.

9. Kurihara Y, Iwai H, Kono N, Tomita M, Arakawa K (2022) Initial parasitic behaviour of the temporary social parasitic ant *Polyrhachis lamellidens* can be induced by host–like cuticles in laboratory environment. *Biol Open* 11(3): bio058956.

10. Iwai H, Mori M, Tomita M, Kono N, Arakawa K (2022) Molecular evidence of chemical disguise by the socially parasitic spiny ant *Polyrhachis lamellidens* (Hymenoptera: Formicidae) when invading a host colony. *Frontiers in Ecology and Evolution* 10: 915517.

11. Borowiec ML, Cover SP, Rabeling C (2021) The evolution of social parasitism in 118(38): e2026029118. ants revealed by a global phylogeny. *Proceedings of the National Academy of Sciences of the United States of America* 118(38): e2026029118.

12. Fischer G, Friedman NR, Huang JP, Narula N, Knowles LL, Fisher BL, Mikheyev AS, Economo EP (2020) Socially parasitic ants evolve a mosaic of host–matching and parasitic morphological traits. *Current Biology* 30(18): 3639–3646.

13. Hölldobler B, Wilson EO (1990) *The Ants.* Cambridge, MA: Harvard University Press, xii + 732 pp.

14. Kutter H (1968) Die sozialparasitischen Ameisen der Schweiz. *Neujahrsblatt der*

Naturforschenden Gesellschaft in Zürich 171: 1–62.

15. Rabeling C, Messer S, Lacau S, do Nascimento IC, Bacci M Jr, Delabie JHC (2019) *Acromyrmex fowleri*: A new inquiline social parasite species of leaf–cutting ants from South America, with a discussion of social parasite biogeography in the Neotropical region. *Insectes Sociaux* 66: 435–451.

7장

1. Delnevo N, van Etten EJ, Clemente N, Fogu L, Pavarani E, Byrne M, Stock WD (2020) Pollen adaptation to ant pollination: a case study from the Proteaceae. *Annals of Botany* 126(3) 377–386.

2. https://parks.seoul.go.kr/parks/detailView.do?pIdx=60

3. Wcislo A, Graham X, Stevens S, Toppe J, Wcislo L, Wcislo WT (2021) *Azteca* ants repair damage to their *Cecropia* host plants. *Journal of Hymenoptera Research* 88: 61–70.

4. Chomicki G (2019) World list of plants with ant domatia.https://guillaumechomicki. wixsite.com/mysite/lab–resources (2 Apr 2024).

5. Bohn HF, Federle W (2004) Insect aquaplaning: Nepenthes pitcher plants capture prey with the peristome, a fully wettable water–lubricated anisotropic surface. *PNAS* 101: 14138–14143.

6. Bohn HF, Thornham DG, Federle W (2012) Ants swimming in pitcher plants: kinematics of aquatic and terrestrial locomotion in *Camponotus schmitzi*. *The Journal of Comparative Physiology A: Neuroethology, Sensory, Neural, and Behavioral Physiology* 198: 465–476.

7. Scharmann M, Thornham DG, Grafe TU, Federle W (2013) A Novel Type of Nutritional Ant–Plant Interaction: Ant Partners of Carnivorous Pitcher Plants Prevent Nutrient Export by Dipteran Pitcher Infauna. *PLOS ONE* 8(5): e63556.

8. Beattie AJ, Culver DC (1981) The guild of myrmecochores in the herbaceous flora of West Virginia forests. *Ecology* 62: 107–115.

9. Lengyel S, Gove AD, Latimer AM, Majer JD, Dunn RR (2010) Convergent evolution of seed dispersal by ants, and phylogeny and biogeography in flowering plants: a global survey. *Perspectives in Plant Ecology, Evolution and Systematics* 12: 43–55.

10. Capinera JL (2008) *Encyclopedia of Entomology*. Springer Science & Business Media. pp.

178–183.

11. Weissflog A, Kaufmann E, Maschwitz U (2017) Ant gardens of *Camponotus (Myrmotarsus) irritabilis* (Hymenoptera: Formicidae: Formicinae) and *Hoya elliptica* (Apocynaceae) in Southeast Asia. *Asian Myrmecology* 9(e009001): 1–16.

12. Menzel F, Kriesell H, Witte V (2014) Parabiotic ants: the costs and benefits of symbiosis. *Ecological Entomology* 39(4): 436–444.

13. Nygaard S, Hu H, Li C, Schiøtt M, Chen Z, Yang Z, Xie Q, Ma C, Deng Y, Dikow RB, Rabeling C, Nash DR, Wcislo WT, Brady SG, Schultz TR, Zhang G, Boomsma JJ (2016) Reciprocal genomic evolution in the ant–fungus agricultural symbiosis. *Nature Communications* 7: 12233.

14. Schultz TR, Sosa-Calvo J, Kweskin MP, Lloyd MW, Dentinger B, Kooij PW, Vellinga EC, Rehner SA, Rodrigues A, Montoya QV, Fernández–Marín H, Ješovnik A, Niskanen T, Liimatainen K, Leal–Dutra CA, Solomon SE, Gerardo NM, Currie CR, Bacci M Jr, Vasconcelos HL, Rabeling C, Faircloth BC, Doyle VP (2024) The coevolution of fungus–ant agriculture. *Science* 386(6717): 105–110.

15. Birkenfeld V, Gorb SN, Krings W (2024) Mandible elemental composition and mechanical properties from distinct castes of the leafcutter ant *Atta laevigata* (Attini; Formicidae). *Interface Focus* 14(2): 20230048.

16. Schofield RMS, Emmett KD, Niedbala JC, Nesson MH (2011) Leaf–cutter ants with worn mandibles cut half as fast, spend twice the energy, and tend to carry instead of cut. *Behavioral Ecology and Sociobiology* 65: 969–982.

17 Rockwood LL, Hubbell SP (1987) Host–plant selection, diet diversity, and optimal foraging in a tropical leaf–cutting ant. *Oecologia* 74(1): 55–61.

18. Piper R (2007) *Extraordinary Animals: An Encyclopedia of Curious and Unusual Animals.* Greenwood Press. p.298.

19. Kleineidam C, Ernst R, Roces F (2001) Wind–induced ventilation in the giant nests of the leaf–cutting ant *Atta vollenweideri. Naturwissenschaften* 88: 301–305.

20. Halboth F, Roces F (2017) The construction of ventilation turrets *in Atta vollenweideri* leaf–cutting ants: Carbon dioxide levels in the nest tunnels, but not airflow or air humidity, influence turret structure. *PLoS One* 12(11): e0188162.

21. Febvay G, Kermarrec A (1983) Enzymes digestives de la founni attine *Acromyrmex octospinosus* (Reich): caractérisation des amylases, maltases et tréhalase des glandes labiales et de l'intestin moyen. *Comptes Rendus de l'Académie des Sciences* 296: 453–456.

참고 문헌

22. Camargo RS, Forti LC, Lopes JFS, Nagamoto NS (2006) Studies on leaf–cutting ants, *Acromyrmex* spp. (Formicidae, Attini): behavior, reproduction, and control. *Recent Research Developments in Entomology* 5: 1–21.

23. Nygaard S, Hu H, Li C, Schiøtt M, Chen Z, Yang Z, Xie Q, Ma C, Deng Y, Dikow RB, Rabeling C, Nash DR, Wcislo WT, Brady SG, Schultz TR, Zhang G, Boomsma JJ (2016) Reciprocal genomic evolution in the ant–fungus agricultural symbiosis. *Nature Communications* 7: 12233.

24. Powell RJ, Stradling DJ (1986) Factors influencing the growth of *Attamyces bromatificus*, a symbiont of attine ants. *Transactions of the British Mycological Society* 87(2): 205–213.

25. Chevrette MG, Carlson CM, Ortega HE, Thomas C, Ananiev GE, Barns KJ, Book AJ, Cagnazzo J, Carlos C, Flanigan W, Grubbs KJ, Horn HA, Hoffmann FM, Klassen JL, Knack JJ, Lewin GR, McDonald BR, Muller L, Melo WGP, Pinto–Tomás AA, Schmitz A, Wendt–Pienkowski E, Wildman S, Zhao M, Zhang F, Bugni TS, Andes DR, Pupo MT, Currie CR (2019) The antimicrobial potential of *Streptomyces* from insect microbiomes. *Nature Communications* 10(1): 516.

26. Johnson C, Agosti D, Delabie JHC, Dumpert K, Williams DJ, Tschirnaus M (2001) *Acropyga* and *Azteca* ants (Hymenoptera: Formicidae) with scale insects (Sternorrhyncha: Coccoidea): 20 million years of intimate symbiosis. *American Museum Novitates* 3335: 1–18.

27. Weber NA (1944) The neotropical coccid–tending ants of the genus *Acropyga* Roger. *Annals of the Entomological Society of America* 37: 89–122.

28. LaPolla JS (2005) Ancient trophophoresy: a fossil *Acropyga* from Dominican amber. *Transactions of the American Entomological Society* 131: 21–28.

29. LaPolla JS, Cover SP, Mueller UG (2002) Natural history of the mealybug–tending ant *Acropyga epedana*, with descriptions of the male and queen castes. *Transactions of the American Entomological Society* 128(3): 367–376.

30. Klein RW, Kovac D, Maschwitz U, Buschinger A (1994) *Tetraponera* sp. nahe *attenuata* F. Smith, eine südostasiatische Bambusameise mit ungewöhnlichen Anpassungen an ihren Lebensraum. *Mitteilungen der Deutschen Gesellschaft für Angewandte Entomologie* 9: 337–341.

8장

1. Hughes DP, Pierce NE, Boomsma JJ (2008) Social insect symbionts: evolution in homeostatic fortresses. *Trends in Ecology and Evolution* 23: 672–677.

2. Kronauer DJ, Pierce NE (2011) Myrmecophiles. *Current Biology* 21(6) : R208–R209.

3. Parmentier T, Gaju–Ricart M, Wenseleers T, Molero–Baltanás R (2022) Chemical and behavioural strategies along the spectrum of host specificity in ant–associated silverfish. *BMC Zoology* 7: 23.

4. Van Zweden JS, D'Ettorre P (2010) Nestmate recognition in social insects and the role of hydrocarbons. In: Blomquist GJ, Bagnères A–G, editors. *Insect Hydrocarbons: Biology, Biochemistry and Chemical Ecology.* New York: Cambridge University Press. pp: 222–243.

5. Lenoir A, D'Ettorre P, Errard C, Hefetz A (2001) Chemical ecology and social parasitism in ants. *Annual Review of Entomology* 46: 573–599.

6. Parmentier T, De Laender F, Bonte D (2020) The topology and drivers of ant–symbiont networks across Europe. *Biological Reviews* 95: 1664–1688.

7. Wilson EO (1971) *The Insect Societies.* Belknap Press of Harvard University Press, Cambridge, Massachusetts.

8. Parmentire T, Dekonick W, Wensellers T (2017) Arthropods associate with their red wood at host without matching nestmate recognition cues. *Journal of Chemical Ecology* 43: 644–661.

9. Rettenmeyer CW, Rettenmeyer ME, Joseph J, Berghoff SM (2011) The largest animal association centered on one species: the army ant *Eciton burchellii* and its more than 300 associates. *Insectes Sociaux* 58: 281–292.

10. Rocha FH, Lachaud JP, Perez–Lachaud G (2020) Myrmecophilous organisms associated with colonies of the Ponerinae ant *Neoponera villosa* (Hymenoptera: Formicidae) nesting in *Aechmea bracteata* bromeliads: a biodiversity hotspot. *Myrmecological News* 30: 73–79.

11. Parmentier T, Dekoninck W, Wenseleers T (2014) A highly diverse microcosm in a hostile world: a review on the associates of red wood ants (*Formica rufa* group). *Insectes Sociaux* 61: 229–237.

12. Fikáček M, Beutel RG, Cai C, Lawrence JF, Newton AF, Solodovnikov A, Yamamoto S (2020) Reliable placement of beetle fossils via phylogenetic analyses—Triassic *Leehermania* as a case study (Staphylinidae or Myxophaga?). *Systematic Entomology* 45(1): 175–187.

13. A beetle chemical defense gland offers clues about how complex organs evolve: https://

www.sciencedaily.com/releases/2021/12/211209142600.htm

14. Naragon TH, Wagner JM, Parker J (2022) Parallel evolutionary paths of rove beetle myrmecophiles: replaying a deep–time tape of life. *Current Opinion in Insect Science* 51: 100903.

15. Parker J, Grimaldi DA (2014) Specialized myrmecophily at the ecological dawn of modern ants. *Current Biology* 24: 2428–2434.

16. Parker J (2016) Myrmecophily in beetles (Coleoptera): evolutionary patterns and biological mechanisms. *Myrmecological News* 22: 65–108.

17. Kang JW, Park JS (2024) Taxonomic study of Korean *Diartiger* Sharp (Staphylinidae: Pselaphinae: Clavigeritae). *Journal of Asia–Pacific Biodiversity* 3: 423–427.

18. Akre RD, Hill WB (1973) Behavior of *Adranes taylori,* a myrmecophilous beetle associated with *Lasius sitkaensis* in the Pacific Northwest (Coleoptera: Pselaphidae; Hymenoptera: Formicidae). *Journal of the Kansas Entomological Society* 46: 526–536.

19. Hlaváč P, Parker J, Maruyama M, Fikáček M (2021) Diversification of myrmecophilous Clavigeritae beetles (Coleoptera: Staphylinidae: Pselaphinae) and their radiation in New Caledonia. *Systematic Entomology* 46(2): 422–452.

20. Hölldobler B, Kwapich C (2023) *Erkennung, Identitätsdiebstahl und Tarnung. Die Gäste der Ameisen.* Springer: pp. 85–119.

21. Baumgarten HT, Fiedler K (1998) Parasitoids of lycaenid butterfly caterpillars: different patterns in resource use and their impact on the hosts' symbiosis with ants. *Zoologischer Anzeiger* 236: 167–180.

22. Thomas JA (1995) *The ecology and conservation of* Maculinea arion *and other European species of large blue butterfly.* In Ecology and Conservation of Butterflies pp. 180–197.

23. Reemer M (2013) Review and phylogenetic evaluation of associations between *Microdontinae* (Diptera: Syrphidae) and ants (Hymenoptera: Formicidae). *Psyche* 2013: 538316.

24. Duffield RM (1981) Biology of *Microdon fuscipennis* (Diptera: Syrphidae) with interpretations of the reproductive strategies of *Microdon* species found north of Mexico. *Proceedings of the Entomological Society of Washington* 83(4): 716–724.

25. Barr B (1995) Feeding behaviour and mouthpart structure of larvae of *Microdon eggeri* and *Microdon mutabilis* (Diptera, Syrphidae). *Dipterists Digest* 2: 313–316.

26. McIver JD, Stonedahl G (1993) Myrmecomorphy: Morphological and behavioral mimicry of ants. *Annual Review of Entomology* 38: 351–377.

27. Cushing PE (1997) Myrmecomorphy and myrmecophily in spiders: A review. *Florida Entomologist* 80(2): 165.

28. Davis NE, O'Dowd DJ, Green PT, Nally RM (2008) Effects of an alien ant invasion on abundance, behavior, and reproductive success of endemic island birds. *Conservation Biology* 22(5): 1165–1176.

29. Forys EA, Allen CR, Wojcik DP (2001) The likely cause of extinction of the tree snail *Orthalicus reses reses* (Say). *Journal of Molluscan Studies* 67(3): 369–376.

30. Lofgren CS, Adams CT (1981) Reduced yield of soybeans in fields infested with the red imported fire ant, *Solenopsis invicta*. *The Florida Entomologist* 64(1): 199–202.

31. Adams BJ, Hooper–Bùi LM, Strecker RM, O'Brien DM (2011) Raft formation by the red imported fire ant, *Solenopsis invicta*. *Journal of Insect Science* 11(171): 171.

32. Menchetti M, Schifani E, Alicata A, Cardador L, Sbrega E, Toro–Delgado E, Vila R (2023) The invasive ant *Solenopsis invicta* is established in Europe. *Current Biology* 33(17): R896–R897.

33. Giraud T, Pedersen JS, Keller L (2002) Evolution of supercolonies: The Argentine ants of southern Europe. *Proceedings of the National Academy of Science* 99(9): 6075–6079.

34. Moffett M (2010) Adventures Among Ants: A global safari with a cast of trillions. Berkeley and Los Angeles, CA: *University of California Press*, pp. 203–205.

인간을 닮은 가장 작은 존재 개미에 관하여
내 발밑의 검은 제국

ⓒ 동민수 2024

인쇄일 2024년 10월 31일
발행일 2024년 11월 7일

지은이 동민수
펴낸이 유경민 노종한
책임편집 이지윤
기획편집 유노책주 김세민 이지윤 **유노북스** 이현정 조혜진 권혜지 정현석 **유노라이프** 권순범 구혜진
기획마케팅 1팀 우현권 이상운 **2팀** 이선영 김승혜 최예은
디자인 남다희 홍진기 허정수
기획관리 차은영
펴낸곳 유노콘텐츠그룹 주식회사
법인등록번호 110111-8138128
주소 서울시 마포구 월드컵로20길 5, 4층
전화 02-323-7763 **팩스** 02-323-7764 **이메일** info@uknowbooks.com

ISBN 979-11-7183-065-7 (03490)